포스트모더니즘과 건축이론

글 임기택

주요 철학자 소개

PART I 기호적 언어게임과 포스트모던 논쟁

4001 모던의 죽음–포스트모던 시대의 시작 / 15

4002 포스트모더니티의 특성 / 17

4003 구조주의와 포스트모더니즘의 차이 / 25

4004 포스트모던 기호학 / 27

4005 알튀세르의 질문구조와 중층결정 / 31

4006 보드리야르의 시뮬라크르 / 35

4007 문화 제국주의적 경향 / 44

4008 료타르의 포스트모던 진단 / 47

4009 하버마스와 료타르의 포스트모던 논쟁 / 48

PART II 포스트모던 건축의 기호적 표현특성과 대중문화

4010 기호로서의 포스트모더니즘 / 62

4011 대중문화로서의 포스트모더니즘 / 63

4012 포스트모던 시대의 건축적 경향 / 64

4013 포스트모던 건축의 부정적 부분 / 100

4014 기호적 미끌어짐의 상징, 델 몬도 극장 / 104

4015 기호과잉과 현실왜곡의 디즈니적 상황 / 115

4016 건축분야의 외피집중 원인 / 122

PART III 시사점과 건축적용 가능성

생각해보아야 할 점

4017 포스트모더니즘과 대중의 소통방식 / 128

4018 포스트모더니즘 건축의 기호적 특성의 논점 / 130

4019 포스트모더니즘의 물신적 기호화 / 133

4020 비판적 지역주의의 건축적 가능성 / 135

4021 자본적 속성으로의 타락에 대한 타푸리의 비판 / 136

4022 테마파크화, 스펙터클화되어 가는 포스트모던 공간구조 / 139

4023 문화제국주의적 속성, 일상생활의 식민화 / 140

찾아보기

그림출처

참고문헌

현대건축이 단순한 형태의 유희가 아니라 그 사회가 처한 각종 외적 변수와 치열한 이론적 배경의 바탕 위에서 실험을 거듭하면서 물질화되어 빚어진 것임을 이해하기까지 학생들은 여러 종류의 인문서적들을 섭렵해야 한다. 현학적인 건축이론서들은 건축이론에 입문하는 학생을 쉽게 질리게 만든다. 학생들은 대략의 철학적 사유를 이해한 이후 '그 철학적 지식을 현실건축에 어떻게 적용하고 비평하며 더 나아가 어떻게 시대정신에 맞는 건축을 만들 것인가'라는 큰 문제에 직면하게 되었을 때 극복의 힘을 주게 되는 것이 인문학적 지식이고 접목이다.

건축잡지에서 논의되고 있는 대부분의 건축담론들을 읽어보면 초심자로서는 그들이 논의하고 있는 내용이 어떤 의미를 지니는지를 이해하기가 매우 힘든 것이 현실이다. 대부분의 건축담론들은 한부분에 깊숙이 파고들어 논의하고 있거나, 국소적인 내용으로 파편화되어 있는 경우가 대부분이다. 이 시리즈의 목적은 그동안 파편화되었던 여러 현대철학적 지식을 한자리에 모아 건축과 접목시켜 건축분야에서 바라보는 철학적 담론을 연결해 사고하고자 함에 있다.

고려했던 부분은 세 가지이다. 첫째, 건축과 관련된 철학적 분야에 대해서 어떻게 쉽게 이해할 수 있도록 하는가 / 둘째, 철학과 건축의 공통분모 즉, 건축적 경계면을 포착하는 것 / 셋째, 두 가지의 공통분모의 관계에서 얻은 깨달음으로 앞으로 어떠한 건축적 화두를 통해 건축적으로 적용할 수 있는 능력을 함양할 수 있을까 이다.

이 시리즈의 책에 나오는 사유와 건축작품들은 속칭 시효가 지난 '한물 간' 사유체계가 아니다. 물론 작품과 사고에 따라서 사안 자체는 상당시간이 지난 것도 있지만 대부분 여전히 시간을 초월하여 의미가 있는 것들이며 다시

되새겨보면서 새롭게 현대적 의미를 가미해 재창조해야할 중요한 '가치'들이다.

이 책은 2007년 여름학기에 철학아카데미에서 "인식과 현시의 In-between: 건축과 철학의 경계"라는 제목으로 건축과 철학의 연결고리에 대해서 강의를 한 것과 2011~2012년 홍익대학교 대학원 수업을 바탕으로 삼아 책으로 재구성한 것이다. 이 시리즈의 주제들은 현대철학에서의 사고체계와 건축분야가 어떠한 방식으로 상호관련을 맺으며 현실에서 구체화되는가에 대한 경계면에 주목하고 있다.

각 책의 구성은 3단계로 나뉘어 있다.

PART I 에서는, 매 강좌에서 주제별로 알기 쉽게 현대건축에서 논의되는 철학가들의 주요사상을 각 권별 주제에 맞추어 요약한다.

PART II 에서는, 시대별 철학사상과 건축적 표현 및 공간구성의 경계면상에서 나타나는 건축적 연결고리를 제시하고 시대적 사유에 영향을 주고받으면서 나타나는 건축적 특성을 탐구한다.

PART III 에서는, 사유와 관련하여 현실을 바라보면서 세계를 이해할 수 있는 힘을 바탕으로 새로운 가치관으로 건축을 추구할 수 있는 방향성과 방법론이 될 수 있는 요소들을 제시함으로써 스스로 건축적으로 사고할 수 있도록 유도하는 것을 그 목표로 한다.

이 책이 각자의 자리에서 건축을 진지하게 고민하고 사고할 수 있도록 작은 도움을 주었으면 하는 바람이다.

자본사회에서는 대체적으로 자본집적이 고도화 되면서 발전방향에 따른 축적 및 소비양식이 사회적 변화의 가장 큰 원동력이 된다. 포스트모더니티가 나오게 된 배경은 모더니티의 특성으로 만들어진 구조가 발전하여 성숙해진 이후 더욱 안정적인 사회구조 및 자본순환구조를 만들어 나가기 위한 자연스러운 흐름이 나타난 것으로 볼 수 있다. 여전히 논란의 여지가 있으나 포스트모더니즘은 반골적인 차이와 해방의 철학이라 말할 수도 있고 모더니즘의 연장선상에서 더욱 구조화가 정교화, 심화되는 것으로 말할 수도 있을 것이다. 모더니즘의 외형적 구조를 성공적으로 만들어내게 되면 기존의 구조가 미처 껴안을 수 없었거나 가려졌거나 무시했었던 사이의 다양한 차이와 욕망 등을 인정하고 포함시켜 더 완전한 구조로 이행하고 있는 것으로 볼 수 있다.

오늘날, 안정적이고 유연한 생산구조와 소비촉진 장치 등은 포스트모더니즘의 미덕이 되었으며 이것은 기호적 양상으로 나타나게 되었다. 거대 서사 Grand narrative의 취약성이 밝혀지고 나서 세계는 차이와 다양성의 가치가 중시되는 다원적 포스트모던 사회로 진입하게 되었다.

포스트모던 사회를 살아가는 현대인들은 기호, 소비, 욕망의 공고한 장치에서 벗어나기 힘든 상황에 항상 노출되어 있다. 포스트모던 담론으로부터 해체주의와 후기 구조주의 등의 사유가 분기되어 담론화 된 만큼 포스트모던 담론은 60년대 이후 현대사회를 이해하는데 있어서 필수불가결한 위상을 가지고 있으며 해체주의와 후기 구조주의 담론을 논의하기 위해 선행적으로 이해해야 할 담론이다.

도시 구조에 있어서 기호 및 욕망이 투사되면서 벌어지는 도시지리적, 문화적 양태와 현대건축의 기호적 특성과 그것이 사회에 미치는 영향, 그리고 그 기호적 가치와 상업적 측면의 상관관계에 대해서 이해하고 사회를 바라볼 수 있는 시각이 필요하다.

포스트모던 시대에 기표로서의 건축이 지니는 의미를 이해함으로써 창조적으로 재해석할 수 있도록 조그마한 도움이 되었으면 하는 바람이다.

2014년 1월

주요 철학자 소개

료타르J.F.Lyotard 1924–1998

프랑스 철학자. 포스트모던postmodern을 '거대담론Grand Narrative에 대한 불신'으로 정의하고, 모던을 메타 이야기라는 정당화 담론에 의해 자신을 정당화하는 사유 및 행위 양식으로 규정했다.

후설의 현상학에 관해 박사학위 논문을 제출한 그는 자신의 동료들인 푸코, 데리다, 라캉, 들뢰즈 등과 더불어 마르크스, 니체, 프로이트의 사상적 전통 속에서 사유의 단초를 발견했다. 그는 포스트모더니즘을 정의하고, 오늘날 활발하게 담론화되는 이유에 대한 문제를 자신의 철학적 화두로 삼았다. 고대의 소피스트적Sophistic 전통에서 니체 및 프로이트로 이어지는 이런 사유는 억압되고 소외되거나 억압된 것들이 드러나거나 복권되는 것이라고 주장한다. 모던에 반대되는 요소들과 용어들(인간의 죽음, 주체의 해체, 철학의 종말)을 사유했고 이성의 폐해로 나타나는 결과들을 극복하기 위해 이성의 분산, 주체의 해체, 형이상학적 철학에 반대했다. 모던과 이성의 의식주의와는 상반되는 물질중심, 니체의 신의 죽음, 무의식을 중시했으며 그것은 포스트모던 사회가 기존사유와 구조에서 탈정당화를 과정이 마무리 된 것으로 간주한다. 하버마스는 모던의 붕괴에 따른 정당성을 논한 『포스트모던의 조건』(1979)의 입장에 대해 이질성의 옹호만으로는 사회적 합의의 정신이 위태로와진다고 주장했고 이에 따라 공개적으로 치열한 논쟁을 벌였다. 그들의 논쟁은 포스트모던 담론의 핵심을 이해하는데 필수적이다.

1. 료타르 초상

위르겐 하버마스 Jurgen Habermas 1929-

독일의 철학자, 비평이론가, 사회학자. 의사소통 행위이론에서 공공영역의 개념을 담론화한 철학자이다. 사회이론의 기초와 인식론을 중심으로 연구했으며, 진보된 자본주의 사회와 민주주의, 비판적 사회진화적 맥락, 현대 정치학(특히 독일의)에 영향을 미쳤다. 하버마스의 이론적 체계는 이성, 해방, 현대의 기구와 인간 능력의 이성주의적이고 비판적인 소통 잠재력의 가능성을 여는 데 있었다.

그는 '모더니티 미완의 기획'이라는 일관된 주제를 사유했다. 그는 근대의 발전이 기본적으로 다소 문제점은 있었지만 자체 내의 모순을 조금씩 극복하고 발전하고 있다고 믿었으며 근대의 기획은 아직 끝난 것이 아니라는 입장을 견지했다. 그는 이성의 폐해를 통해 나타났던 문제점들 역시 인간 스스로 극복해나갈 수 있는 것이며 그러한 방향성을 가지고 나아가고 있다고 생각한다. 이 주제와 관련하여 하버마스는 주체와 객체의 존재론에 따른 문제는 의사소통의 합리성을 통해 보완할 수 있으며 인간의 진정한 해방이 가능하다고 보았다. 언어의 불완전성으로 왜곡된 의사소통의 간격은 합리적 의사소통행위로 극복할 수 있다는 입장인 것이다.

포스트모더니즘 담론과 관련해서는 반대적 입장인 료타르와 공개적인 논쟁을 벌인 바 있다.

하버마스와 료타르의 논쟁은 포스트모더니즘의 담론이 그만큼 혼란스럽고 정의하기가 쉽지 않은 현재진행형의 담론이라는 것의 방증이며 그런 만큼 논쟁의 핵심을 정확하게 인식하는 것은 현대성의 방향을 이해하고 건설적인 담론과 변화를 위해 필수적이다.

2. 하버마스 초상

장 보드리야르Jean Baudrillard 1929-2007

프랑스의 철학자·사회학자·사회학과 철학의 영역을 넘나들었던 보드리야르는 초기 저작 이후 끊임없는 도전과 도발을 시도한 급진적인 이론가였다. 대중과 대중문화, 미디어와 소비사회 이론으로 유명하다. 현대인은 물건의 기능보다는 기호를 소비한다고 주장하였고, 모사된 이미지copy가 현실을 대체한다는 시뮬라시옹simualtion 이론, 더 이상 모사할 실재가 없어지면서 실재보다 더 실재 같은 하이퍼리얼리티(hyper-reality극실재)가 생산된다는 이론을 주장했다.

실재가 기호와 이미지에 의해 대체되는 시뮬라시옹 과정 속에서 사라져 버린 세계의 잃어버린 의미를 찾는 형이상학적인 철학자였다. '포스트모더니즘의 큰 별'로 불리는 보드리야르 사상은 크게 세 가지 핵심적인 개념들로 구성된다. 이 세 가지 개념들은 소비, 기호체계, 하이퍼리얼리티(시뮬라크르)인데, 이 개념들에는 결코 분리될 수 없는 상관관계가 있다. 단지 텍스트에 따라 이 개념들 중에서 한 개념이 번갈아가며 논의의 중심을 차지하고 있을 뿐이다.

3. 보드리야르 초상

PART 1

기호적 언어게임과 포스트모던 논쟁

포스트모더니티와 포스트 모던 기호학

네 번째 주제는 포스트모더니즘과 문화정치학/ 포스트포디즘의 건축도시구조변화이다. 오늘날 건축분야에서 포스트모더니즘은 완전히 옛 시대의 유물 정도로 치부되는 하나의 지나간 사조로 여겨지는 것이 현실이다. 건축계에서는 포스트모더니즘이 유행한 이후에도 다양한 사조 및 ~주의(ism)의 흐름들이 융성, 소멸했었기 때문이다. 그러나 여전히 도시지리학 분야나 다른 예술분야에서는 오늘날의 동시대적 특성을 가리켜 포스트모더니즘의 시대로 이야기하고 있다. 그만큼 포스트모더니즘은 단순히 한 시대에 유행한 사조정도로 생각하면 곤란할 정도로 모더니티, 모더니즘과 연계하여 계속적으로 사고해야 할 대상이며 그러한 흐름을 대표하는 키워드이다. 그러나 현재 건축분야에서는 포스트모던 건축이 오히려 구시대적인 고리타분한 디자인으로 인식되는 경우가 많다.

1권에서 우리는 모더니티와 모더니즘에 대해서 살펴보았다. 모더니티와 모더니즘을 선후관계로 따질 수는 없으나 간단히 설명하면 모더니티가 모던적 상황에 따라 변화되는 정치, 경제, 문화, 하부구조의 변화상황으로 인해 발생하는 사회현상을 나타낸다고 한다면, 모더니즘은 그러한 변화상황에 대한 각종 표현과 재현양태(표현요소)의 분야에서 드러나는 방식(현시顯示)에 대한 근본적인 정신계의 흐름이라고 볼 수 있다. 산업혁명 이후의 각종 교통통신의 발달, 과학기술의 눈부신 발달, 대도시의 발생, 생산수단의 혁신, 소외현상 등의 모더니티 특성이 나타나면서 발생했던 대표적인 현상이다. 모더니즘의 양식을 통해 각 분야에서 이전과는 완전히 단절된 듯한 새로운 표현의 예술과 재현 양식이 나타났다. 그러나 모더니티 현상과 모더니즘의 재현 양식 가운데 어느 것이 먼저인가를 따지는 것은 그다지 큰 의미가 없다. 두 가지 상황은 상호영향을 주고 받으면서 발전하게 되기 때문이다.

포스트모던에서 포스트post의 의미가 벗어난다는 의미의 '탈脫' 모더니즘인가? 아니면 '이후以後' 의 의미를 지닌 연속적인 부분인가 하는 면에 있어서는 많은 논란이 있어왔다. 그것이 포스트모더니즘을 바라보는 시각에 있어서 많은 혼란을 일으킨 것도 사실이다. 포스트모더니즘을 이해하기 위해서는 접두어 '포스트'가 왜 논란이 되었는가와 어떤 부분이 혼란을 야기하고 애매한 부분인지 명확하게 인식하고 있는 것이 바람직하다.

모던의 시기 이후에 포스트모던의 다원적 시대로 넘어가면서 다양한 특성들이 나타나기 시작했다. 이것은 모더니티와 모더니즘을 살펴보면서 확인했던 바와 같이, 포스트모더니티와 포스트모더니즘의 특성을 함께 살펴보면 이해하기에 편리하다. 사실, 모더니티와 포스트모더니티라는 것은 생산양식(방식)으로 달리 말할 수 있으며 이것은 생산양식이 모더니티적인 상황에서 포스트모더니티의 상황으로 변화한 것이라고 달리 이해할 수 있다. 그에 따라 재현양식도 모더니즘에서 포스트모더니즘의 재현양식으로 연동되어 변화했다고 보는 것이 학자들의 일반적인 견해이다. 물론 이러한 담론은 닭과 달걀이 어떤 것이 먼저인가 하는 질문과 같이 선후관계가 명확하지 않으며 서로 영향을 미치면서 같이 발전했다고 하는 편이 적절하다 할 것이다. 포스트모더니티의 변화와 함께 포스트포디즘의 생산양식의 변화 과정과 도시구조의 변화가 어떻게 이루어졌으며 이에 따른 포스트모던 양식이 어떤 식으로 변화과정을 겪게 되었는지에 대해서 살펴보는 것은 포스트모던 사회로 지칭되는 현대사회의 주요 논점과 현대건축의 주요한 현상에 대해서 이해의 폭을 넓힐 수 있다는 것을 의미한다.

그에 따른 포스트모더니즘과 포스트모던 건축이론의 화두는 다음과 같다.

- 모던과 포스트모더니티의 특성은 무엇인가?
- 포스트모더니티와 포스트모더니즘은 어떤 관계를 가지고 있는가?
- 구조주의와 및 포스트모더니즘, 후기 구조주의 차이는 어떻게 되는가?
- 포스트모더니즘을 어떻게 보아야 할 것인가? 표현 vs. 공간구조 (사회구조의 변화)
- 포스트모더니즘의 언어게임은 어떤 의미를 가지는가?
- 보드리야르의 시뮬라크르 개념은 포스트모던사회에 어떤 의미인가?
- 하버마스와 료타르의 포스트모던 논쟁의 핵심은 무엇인가?
- 포스트모던 담론의 혼란적 부분은 무엇인가?
- 문화 정치학적 사고, 정치경제적 사고는 어떤 특성을 가지고 있는가?
- 문화정치학과 포스트포디즘의 구조체계와 건축과의 관계는 어떻게 볼 것인가?

4001 모던의 죽음 – 포스트모던 시대의 시작

4

5

포스트모더니즘의 시대가 시작되었다고 제일 먼저 선언한 것은 사실, 건축분야였다. 이때까지 사회흐름을 선도하는 대표적 분야중 하나가 건축계였기 때문이다. 찰스 젱크스Charles Jenks는 1972년 세인트루이스 소재의 프루트 아이고Fruit-Iggo 주거 단지가 폭파 해체되는 순간을 모더니즘이 사망하는 순간으로 선언했다. 이 단지는 1951년 일본계 건축가 미노루 야마사키Minoru Yamasaki에 의해 설계되어 1954년 완공되었다. 그는 2001년 9.11 테러사건으로 붕괴된 맨하탄의 뉴욕 세계무역센터 빌딩을 설계한 것으로 잘 알려져 있다. 두 건축물 모두 비극적 결말로 세상에서 사라진 것 역시 예사롭지 않은 일이다. 당시 그가 계획했던 단지 자체는 대규모의 모더니즘의 교리를 충분히 적용한 현대적인 주거단지였다. 또한 넓은 중정과 복도 등 공간들도 비교적 여유롭게 계획되어 있었다. 흥미롭게도 문제지구로 낙인찍히고 파괴된 이 단지는 건축되었을 당시에는 합리적인 계획으로 인해 전문가들의 호평을 받으며 건축포럼지The Architectural Forum의 건축 상까지 받았다. 당시 계획은 아프리카계 프루트 단지와 백인계의 아이고 단지로 구분하여 설계했지만 입주 후 점차 백인들이 안전상의 위험을 느끼며 이주하기 시작했다. 이 주거단지는 점차 시간이 지나면서 마약과 폭력이 난무하는 슬럼

4. 포스트모더니즘 이론의 등장배경
5. 모던의 사망시간, 프루트 이고 단지의 폭파장면

화가 가속화 되었고 그 지역의 범죄의 온상이 되는 주거단지가 되고 말았다. 해당 시의회에서는 고심 끝에 이 주거단지를 폭파 해체하고 새로운 주거단지를 만들기로 결정했다. 이 시기를 전후하여, 건축계에서는 국제주의 양식의 주거단지에서 나타나는 폐해를 극복하고자 하는 움직임이 일기 시작했다. 1970년대 후반 찰스 젱크스는 '포스트모더니즘'이라는 단어를 사용하기 시작하면서 건축분야에서 가장 일찍 정착하게 되었다. 그는 건축에서의 모더니즘의 기능주의를 비판하고 여러 가지 이전의 건축언어를 인용함으로써 급진적인 건축어휘의 '절충'을 주장했다.

로버트 벤츄리는 모더니즘의 유니버설리즘에 반대했다. 그는 "대중은 엘리트적인 무미건조한 순백의 건물보다는 옛 기억을 자극하는 것이나 세속적인 관심을 자극하는 흥미로운 것을 원한다." 라고 주장했다. 사실 대중은 격식있는 분위기를 원하기도 하지만 한편으로는 편한 기분으로 대할 수 있는 통속적이고 흥미위주의 분위기를 원하기도 한다. 일반 대중은 후자인 경우가 더 많다. 로버트 벤츄리 등의 건축가들은 외피와 내부에 과거의 오더와 장식 등을 그대로 차용하는 것이 아니라 나름 창조적으로 재해석하여 과장하거나 패러디시키거나 이중적인 의미의 표현으로 재미있게 표현한 건축물을 선보이기 시작했다. 대중은 자연스럽게 흥미를 느끼기 시작했다. 포스트모던의 시대가 열린 것은 역사적으로 유명한 과거의 장식과 같은 양식으로 회귀를 주장하는 움직임 때문이었다. 또한 그들이 방법론으로 사용했던 것은 패러디와

6. 로버트 벤츄리와 데니스 스콧 브라운 초상

같은 아이러니irony1)한 방식, 패스티쉬pastiche2) 와 인용, 이중 코딩double coding3) 등의 방법론이었다.

7. 이중코딩과 인용의 방법론

료타르는 『포스트모던의 조건』이라는 책에서 근대이성이 기반하고 있는 거대 담론이 소실되었음을 선언했다. 그가 이야기하는 거대 담론은 근대이성을 중심으로 하고 있는 계몽적 인간의 자유해방의 이야기이며, 마르크스주의의 계급 소멸의 이야기이며 인간이 끼어들 여지가 없는 신적인 이야기이다. 포스트모던 사회에서는 한 가지의 진리나 이념, 이데올로기가 유효하지 않고 절대적인 것이 존재하지 않는다는 것이다. 후에 살펴보게 될 그의 담론은 하버마스와의 논쟁을 통해 논점이 명확하게 드러난다.

4002 포스트모더니티의 특성

별도로 포스트모던과 관련된 철학가들의 사유를 살펴보기 이전에 PART I에서는 포스트모더니티의 특성에 대해 생각해 볼 필요가 있다. 1권에서 모더니티와 모더니즘을 설명할 때 모더니티의 특성은 생산양식과 밀접한 관련이 있음을 언급했다. 자본주의 사회에서 가장 중요한 관심사는 '사회의 가

1) 비꼬는 말 또는 반어(反語). 낱말이 문장에서 표면의 뜻과 반대로 표현되는 용법이다. 일반적으로 진의(眞意)와 반대되는 표현을 말하는데, 표면으로 칭찬과 동의를 가장하면서 오히려 비난이나 부정의 뜻을 신랄하게 나타내려고 하는 등의 예를 들 수 있다.
2) 포스트모더니즘의 대표적 기법, 비판하거나 풍자하려는 의도없이 기존의 텍스트를 무작위적으로 모방한다. 여기에는 신념이 없으며 단순히 우연의 논리만이 살아있다.
3) 찰스 젱크스는 모더니즘 기법에 다른 어떤 것을 조합한 것이라고 정의하는데, 이 정의는 건축 양식의 변화를 설명한 것으로 창조 과정에 있어서 자유스런 표현 욕구의 허용을 의미한다.

장 큰 원동력이 되는 생산과 소비의 순환을 어떻게 하면 원활하게 가속화시켜 안정적으로 움직이게 만들 수 있는가' 이다. 당연히 근본이 되는 생산양식이 중요한 화두이다. 그러나 1960년대 말과 1970년대에 들어서면서부터는 지난 모던시대와는 다른 후기 산업시대의 양상들이 나타나면서 사회가 급속하게 변모하기 시작했고 소비가 주가 되었다. 모던시대에 자본이 급속도로 발전했던 상황을 먼저 살펴보자. 초기에는 생산기술과 생산수단을 독점한 자본가와 공장노동자의 2차 산업이 주를 이루었다. 당연히 이러한 산업의 특성상 모든 산업활동들은 위계적이고 체계적인 노동력을 바탕으로 이루어졌다. 그러나 과잉생산의 결과, 대공황의 폐해와 각종 부작용이 나타나기도 했다. 공간적으로 보았을 때, 중산층의 성장과 구매력 증가, 교외거주 등의 변화를 가져왔다. 전통적으로 위계적인 사회구성에서 중산층이 증가하면서 3차 산업(서비스 분야)으로 이동하는 현상은 사회 문화, 도시공간 구조 등에 많은 영향을 미치게 되었다. 마찬가지로 재현양식에 있어서도 변화가 이루어졌는데, 이 때 처음으로 나타난 것이 포스트모더니즘 양식이다.

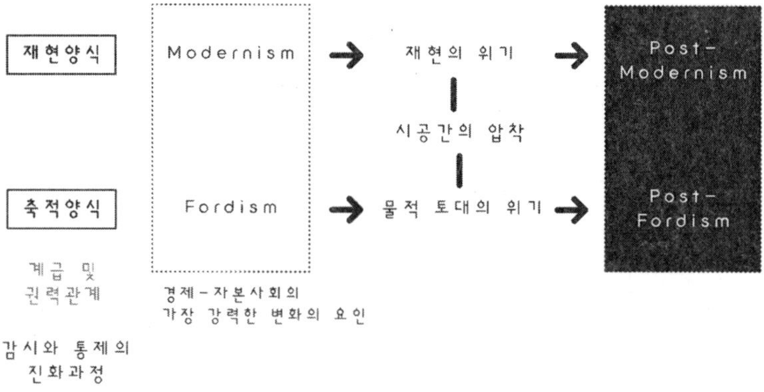

8

8. 탈근대성에 관한 하비안적 조건

	산업적 대도시	탈산업적 대도시[4]
계급관계	형성적 생산자층 중심 전통적 도시빈곤층	구조적 신중산층 중심 신도시 빈곤층
사회, 정치적 쟁점	민주주의 중앙집권적 독재 생산의 정치 임금협상	시민권 분권적 지방자치 소비의 정치 직업권리의 보호
사회운동	정치적 운동	신사회운동
정치체(Policy)	부재 중앙정부 중심 억압적	복원 지방정부의 부상 참여적
도시관리	발전주의 성장중심	관리주의 재개발, 재활성화
환경성	반환경주의	친환경주의
공간구조	집중화 대중교통 중시 머뭄의 공간 (Space for stock)	분산화 사(私) 교통중심 흐름의 공간 (Space for flow)
문화	근대주의 지방주의	탈근대주의 지구주의

이러한 변화는 사실 1960년대부터 서서히 나타나기 시작했다. 모더니즘 시대에는 콘베이어 벨트로 대표되는 포디즘(대량생산체계)체계였다. 이것은 부르주아와 노동자 계급의 두 가지로 양분된 사회적 모습을 대변하는 시스템 및 공간구조였다. 그러나 점차, 경제력을 가지게 된 중산층이 늘어가면서 생산양식을 소유한 부르주아 계층과 노동자 계급blue colour에서 부르주아와 중간관리계급white colour과 노동자계급blue colour 등으로 나뉘게 되었다. 다시 말해 마르크시즘Marxism(노동계급 중심blue colour)에서 포스트마르크시즘Post Marxism(서비스계급 성장White Colour)으로의 변화가 이루어지게 된 것이다. 이 변화가 이후의 재현의 변화와 관련하여 매우 중요한 역할을 하게 된다. 이것이 결국 포스트모더니티라는 사회현상을 만들어낸 직접적인 원인 중 하나이다. 마찬가지로 포스트모더니티의 현상과 함께 포스트모더니즘과 그 이후의 다원화 된 문화적인 현상이 나타나게 되었으므로 이러한 포스트모더니티와 관련된 현상과 그 현상이 왜 일어나게 되었는가를 살펴보는 것이 매우 중요하다. 위의 표를 살펴보면, 모더니티의 영향으로 대표되는 산업화 된 대도시와 포스트모더니티로 대표되는 후기자본주의시대의 특성을 비교하여 나타낸 것이다. 2차산업(제조업)에서 3차 서비스 산업으로 변화하면서 계급관계, 사회정치적 쟁점, 사회운동, 정치, 도시, 환경, 공간구조, 문화 등의 요소들이 광범위한 영역에서 변화하게 되었다. 포디즘으로 대표되는 2차 산업시대의 요소들과 탈산업적 대도시의 내용들 중 상당 부분이 대조적인 느낌이 들 정

표. 모더니티와 포스트 모더니티의 특성

4) 조명래, 포스트포디즘과 현대사회의 위기, 다락방, 2002, p73

도로 차이를 느낄 수 있을 것이다. 미국의 경우, 대량생산의 경제논리인 포디즘Fordism5)은 테일러리즘Taylorism6)의 과학적 경영방식을 도입하게 만들었다.

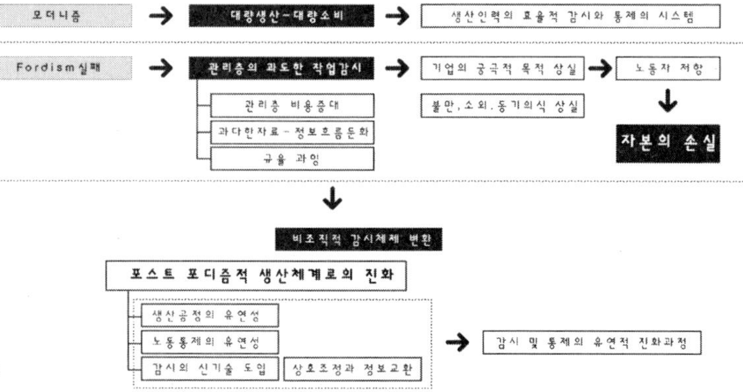

9

10

이것은 최소비용, 최고의 효율을 내는 것을 가장 큰 가치로 삼았지만 시스템 자체는 비인간적이었다. 최고의 효율을 위해 노동자들을 '어떻게 이용했을 때 가장 효율적으로 시간과 비용을 줄일 수 있을까'에 대한 방법론을 연구한 것이었기 때문에 노동자들의 반발을 살 수 밖에 없었다. 2차 세계대전 직후 소련과 미국의 두 강대국이 냉전cold war시대로 접어들면서 문화정치가 시작되었는데 이것은 미국문화의 자존심 회복과 후기식민지화의 시작을 알리는 것이었다.

이러한 상황들은 모더니티에서 포스트모더니티로 모더니즘에서 포스트모더니즘으로 넘어가면서 나타나는 생산적 변화와 사회적, 재현적 변화였다.

5) 포드가 창안하여 정착된 시스템을 말한다. 모든 것이 예측가능하고 통제가능한 자동차 생산공장의 컨베이어 시스템 속에서 만들어지는 표준화된 대량생산과 대량소비의 축적체계를 말한다.

6) 경영학자인 테일러가 창시한 과학적 관리 기법. 과학적으로 노동자의 동선과 작업등을 표준화하여 최단시간에 최대의 생산을 끌어올릴 수 있는 효율성을 낼 수 있도록 작업과정의 세분화, 전문화를 이루었으나 인간의 기계화와 창의성을 살릴 수 없는 단점이 있다.

9. 포스트포디즘의 변화 원인분석

10. 포디즘 및 테일러리즘을 상징하는 모던타임즈의 한장면

–포스트모더니즘 특성

포스트모더니즘은 보편화된 모더니즘의 세계관의 '단조로움'에 대한 반동으로 나온 것으로 생각할 수 있다. 포스트모더니즘의 키치적 요소들을 사용하는 것은 천박함과 충격의 거친 미학을 사용함으로써 모든 모더니즘의 형이상학적 엄격함과는 전적으로 대비된다. 모더니즘의 엄격한 태도와는 달리 포스트모던 건축은 기묘하고 자기비하적, 정신분열적 요소들의 혼성모방pastiche적 배치를 주로 이용하면서 상업적인 목적을 달성하고자 하는 경향이 강하다.

'일반적으로 실증적이고, 기술중심적이며, 합립적이라고 여겨지는 보편적 모더니즘은 매개를 중심으로 하는 변증법적 발전방식의 사적유물론을 거부하고 지식표준화와 시스템을 거부한다. 그것은 다양성을 중심으로 이질성과 차이를 중시하며 분절화와 비결정성 전체주의적 이데올로기를 불신함으로써 다원주의시대로 진입하는데 성공했다.

포스트모더니즘을 추구했던 초기의 아방가드르드들은 모더니즘의 전체주의적 거대 서사의 구조가 너무도 폭력적임을 비난하면서 다원적인 권력-담론 구성체(푸코)나 언어게임(료타르)을 주장한다. 다원적인 가치를 중시하는 포스트모더니즘은 모던 이전의 낭만적 계열의 혼돈과 통제불능의 다양성의 가치로 회귀했다.

–포스트모던 건축, 도시부문

핫산의 표는 인류학, 철학, 수사학, 정치학, 신학에 이르는 다양한 분과 학문을 포괄하는 것이기에 모더니즘 건축과의 차이를 통해 포스트모던 건축의 다원적 특성을 확인할 수 있다.

모더니즘	포스트모더니즘
낭만주의/상징주의	패러피직스/다다주의
형식(연결적, 폐쇄적)	반형식(분열적, 개방적)
목적	유희
의도	우연
위계	무질서
통제/로고스	소모/침묵
예술대상/완성작	과정/퍼포먼스/해프닝
거리	참여
창조/총체화/총합	탈창조/해체/반명제
현전	부재
집중	분산
장르/경계	텍스트성/상호텍스트성
의미론	수사학
계열관계	결합관계
종속적 구분	병렬적 구분
은유	환유
선별	조합
뿌리/깊이	뿌리줄기/겉모습
해석/독서	해석 거부/오독
시니피에(기의)	시니피앙(기표)
읽히는(독해)	쓸 수 있는(기술)
서사/방대한 사건	반서사/사소한 사건
핵심기호	개인 방언
증후	욕망
유형	돌연변이
생식기/남근	다종다형/양성
편집증	정신분열증
기원/원인	차연/흔적
성부	성령
형이상학	아이러니
확정성	불확정성
초월성	내재성

출처: Hassan, 1985, p123-124

도시건축분야에서 포스트모더니즘적인 도시구조란 필연적으로 분절적이며 서로 중첩된 과거 형태들이 겹쳐지며 꼴라쥬화되는 입장을 견지한다. 대중적 기억을 충족시키는 이미지들이 중첩된 외피와 구조를 통해 민감하게 지역적 전통, 지역사, 특정한 욕구나 니즈에 발빠르게 만족시켜줄 수 있도록 대응함으로써 오히려 더욱 더 자본적 속성에 순응하는 양상으로 빠르게 변모해나갔다.

	생산	사회	시간	주요방향	문화
모던 이전 10000 - BC.1450	신석기혁명	종족/봉건	느린 변화	지역/도시	귀족정치
	농업 수작업 흩어져 있음	왕, 성직자, 군대의 지배계급 농민	양면적	경작식	통합 스타일
모던 1450 - 1960	산업혁명	자본주의	선형	국가주의	부르주아
	공장 대량생산 중앙집권적	부르주아 소유계급 노동자들		사업의 합리화 배타적	대중문화 지배적 스타일
포스트모던 1960 -	정보혁명	글로벌	급변	세계/지역	테이스트 컬처
	사무소 분할 생산 탈중심화	유식계급 사무소 노동자	주기적	다국적 다원적 절충적 총괄적	다원적 장르

'포스트모던'이란 말은 최초로 문학과 관련해 1971년에 처음 사용되었고, 시각과 관련된 예술분야에서는 찰스 젱크스가 1970년대 이후 건축현상을 특징짓는 키워드로 처음 사용한 것이 미술 비평가들이 미술분야에도 적용하여 사용함으로써 전세계적으로 사용되는 양식적 단어가 되었다. 포스트모던의 특성에 대해서 젱크스는 『포스트모던이란 무엇인가』에서 앞의 표와 같이 시대별로 구분하여 설명하고 있다. 이전의 모던과 포스트모던의 구분적 특성과 비교해보았을 때 다원화 사회에서의 변화를 확인할 수 있다. 젱크스는 70년대 초부터 세계를 주도해나가는 양식상의 흐름을 정리하여 다이어그램으로 표현했는데, 초기의 위계적 나무구조로부터 점차 위계가 용해되고 흐름이 교차하는 방향으로 다원화되는 사회의 흐름을 제시하고 있다. 그의 다이어그램은 획일적인 위계적 질서에서 차이와 다원화의 흐름과 관련하여 각 흐름을 상대적인 키워드로 잘 표현하고 있다.

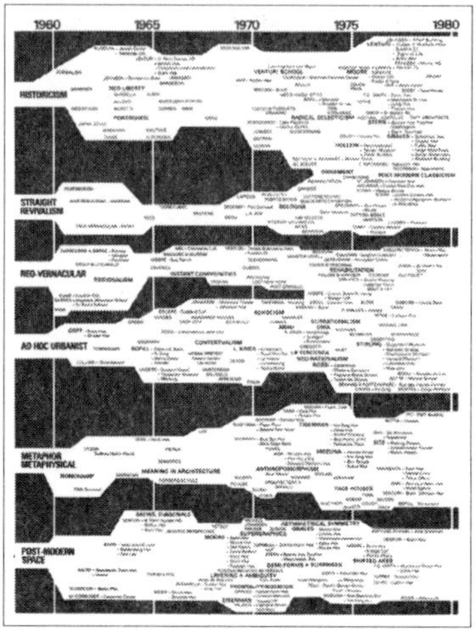

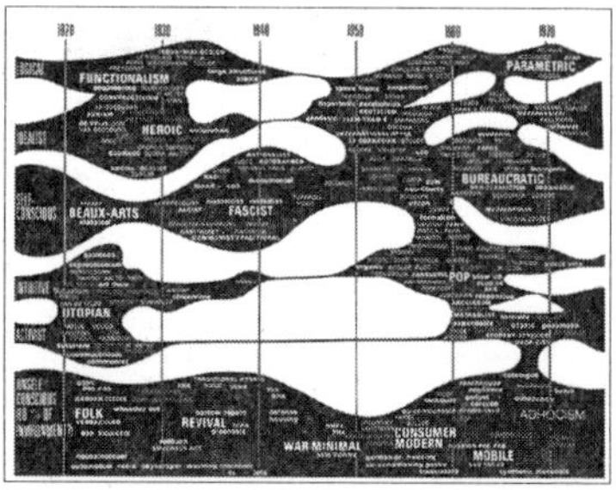

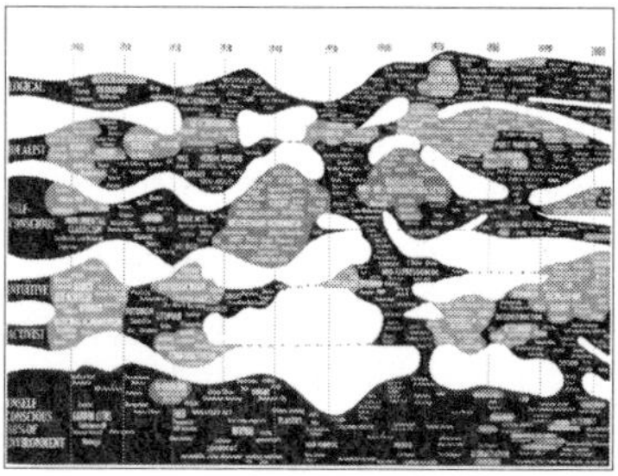

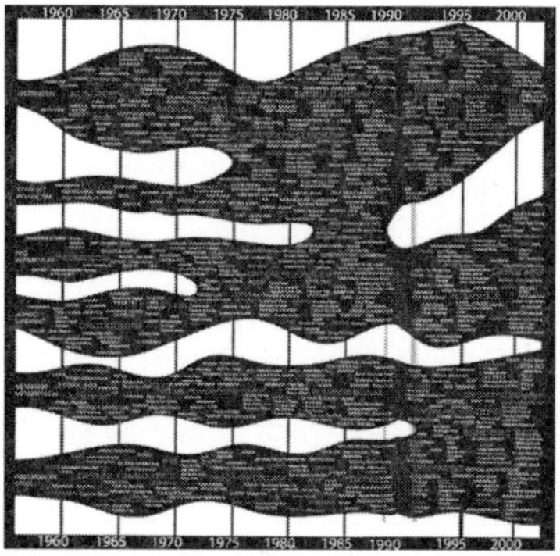

11. 포스트모던건축의 나무, 1970
12. 건축의 모던 무브먼트, 1985
13. 진화의 나무, 2000
14. 진화의 나무, 2002

4003 구조주의와 포스트모더니즘의 차이

	구조주의	포스트모더니즘	후기 구조주의[7]
합리성 유무	합리주의	과학/합리성 비판	합리성 사유 비판
기본요소	소(素): 논리적	과거기억요소, 대중선호요소	힘(권력-억압: 욕망 포함)
기본특성	인간, 문화 결정론적, 과학적, 분석적	유희, 우연, 파격 등	몸, 신체, 가변성, 역동성, 개체성 (우연, 시간, 불연속 개념)
형식성	형식(연계적, 폐쇄적) 장르/구분	반형식(반연계적, 개방적) 무질서	파편적 텍스트, 텍스트간
해석	해석/정독	반해석/오독	파편적 해석의 재조합
구문의 특성	종속적 구문	병렬적 구문	창조적 재조합
주체의 요소	단순한 객관주의 (주어진 것, 만들어진 것)	('場'개념) 역시 주관의 구성물로 인식	주체성, 만드는 것
공간의 태도	공간적 사유('場'개념)	시간, 우연의 입장	공간적 사유에 대한 비판적 태도

포스트모더니티를 사유함에 있어서 모더니즘과 연계하여 '포스트Post'의 의미를 먼저 생각하기 바로 전 시기에 있었던 구조주의와 포스트모더니즘 그리고 후기 구조주의에 대해서 살펴보는 것이 유익하다.

언급한 바와 같이 3권에서 구조주의는 인류공통의 근본법칙(심층 구조)를 탐구하는 것이었다. 당연히 구조주의는 법칙을 이루는 각 요소들간의 관계 속에 숨어있는 법칙을 밝히는 것이 중요하다. 각 요소들이 상호 영향을 미치면서 관계를 맺어나가는 것은 다이어그램과 화살표 등으로 표현할 수 있으며, 이 과정에서 요소들간의 영향(관계)을 표현하기 위해서는 공간화가 필요하게 된다. 구조주의적 사유는 요소들간의 공간적 사유라고 말할 수 있다. 구조주의를 근본적으로 비판한 포스트모더니즘은 구조주의 자체를 근본적으로 공격하여 새로운 형식미를 만들어내는데 근본적인 취지가 있었다. 포스트모더니즘은 구조주의 언어학에 따른 반대적 성향의 성격으로 존재하며, 후기 구조주의 사고는 포스트모더니즘의 사고와는 약간 다르고, 구조주의의 깊은 구조로는 설명하기 힘든 힘(권력, 억압), 몸, 가변성, 역동성 등의 내용들이 중점적으로 분석되어 그에 따른 새로운 사유의 방식과 표현의 가

7) 임기택, 현대건축의 경계해체적 경향에 관한 연구, 홍대박론, 2006. p44인용

능성으로 나타났다. 후기 구조주의의 사고는 새로운 의미의 비젼을 가져오기 위해 기존의 질서 내지는 구조를 깨는 것이 사유의 대상이 되었고, 이 철학자들은 상당부분 구조주의 철학자로 분류되기도 하는데 구조주의에서 시작하여 구조주의로는 파악하기 힘든 부분까지도 연구를 진행하다보니 그렇게 된 경우가 많았다. 주요 작가로는 롤랑 바르트(기호의 제국), 자크 데리다, 미셸 푸코Michel Foucault, 질 들뢰즈Gilles Delueze와 펠릭스 가타리Felix Gattari, 자크 라캉Jacques Lacan, 쥴리아 크리스타바Julia Kristava, 쟝 보드리야르Jean Baudliard 등을 들 수 있다.[8)]

3권에서 언급한 바와 같이 1960년대부터 활발하게 담론화 되기 시작했던 건축 유형학은 시간의 흐름에 따라 평면 및 배치상의 유형보다는 사람들의 기억 속에 있는 이미지 등을 분류하여 유형화시키는 경향이 뚜렷해졌으며 이것은 결국 자연스럽게 포스트모던의 어휘적 게임으로 강하게 이끌리게 된 측면이 강했다. 이 시기의 유형적 요소들은 역사적인 다양한 사례의 건축물속에서 찾았던 만큼 그 지역의 풍토건축에서 나타나는 건축의 원형으로부터 지역 공동체가 오랜 시간동안 축적해 왔던 삶의 지혜나 상징체계가 녹아들어가 있는 주관적 기억을 재발견하여 동시대에 맞게 다시 표현하는 방법론 등이 주로 사용되었다. 자연스럽게 사람의 기억에 호소하는 것은 결국 감정적인 것에 호소하는 것이 되었고, 기억과 관련된 통속적, 회귀적, 기호적인 것에 이끌리게 되었다.

로시, 크리에 형제 등은 배치나 평면상에서 시작하여 결국 경관에 포커스를 두고 연구와 작업을 진행하여 변화를 보였다. 유형적 관심이 결국 포스트모던풍의 경관 등의 심리적, 인지적 결과물에 관심을 두는 것으로 결말이 났다.

이렇게 포스트모더니즘은 일정부분 모더니즘의 사유방식 자체를 부정했으

8) 스피노자, 라이프니츠, 니체, 베르그송의 연구가 핵심적인 역할을 수행했는데, 이들의 개념 중 구조주의와 구분되는 중요한 개념은 '권력'이다. 카오스, 욕망, 역능, 생명 등이 모두가 '힘'이라는 기본 개념의 변형형태이다.
권력의 힘은 그 내부에 '억압'이라는 측면을 함축하고 있다. 구조주의는 구체적인 것들을 추상적인 것들 속에 용해시킨다. 즉, 자연과학과 같은 특성을 가지고 있다. 이렇게 환원될 수 없는 것이 곧 신체이며 이러한 특성을 분석하는 과정이 후기 구조주의의 큰 틀을 가지고 있다. 푸코가 제기한 '생체권력'의 문제가 대표적이라고 할 수 있다.

며 파격을 만들어내기 위한 방식을 만들기 위해 새로운 형식성을 위한 반대의 성격을 지니고 있다. 후기 구조주의 철학은 구조주의의 사유에서 더 나아가 구조주의의 법칙성으로는 설명하기 힘든 것을 사유했기 때문에 어떤 면에서 이른바 구조주의에서 부족했던 부분들을 찾아내어 보완한다고도 볼 수 있다. 이러한 의미에서 하버마스의 주장이 지지를 받고 있다. 이것은 바로 **'모더니티가 자체의 모순을 극복하고 진화해나간다'**는 하버마스의 주장에 힘을 실어주고 있다.

이러한 주장에는 논란의 여지가 많은 것이 사실이다. 이러한 논쟁의 핵심은 이후 PART I 후반부에 살펴보게 될 료타르와 하버마스의 논쟁에서 다루도록 할 것이다.

4004 포스트모던 기호학
-언어학에서 기표와 기의의 관계(언어게임)

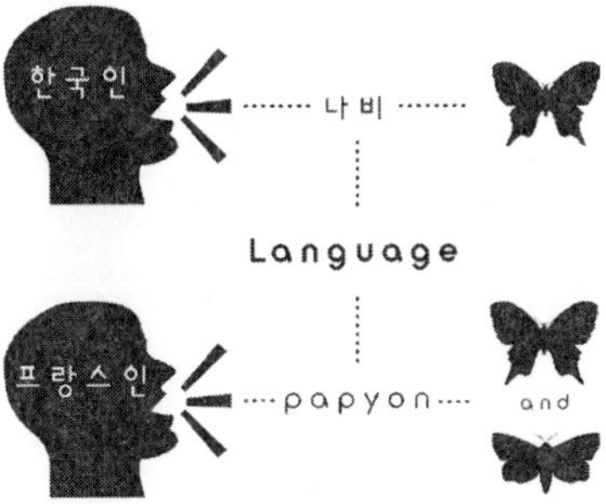

15

모던체계는 하나의 거대한 언어체계이자 이성적 시스템의 발전과정이었다. 소쉬르가 주목받았던 이유는 이러한 모던적 체계의 근본구조인 언어적 체계를 연구하여 근본적인 법칙구조를 밝혔기 때문이다. 소쉬르는 이전의 언어학적 관심대상과는 다르게 전 세계인의 언어의 근본구조에 대해서 연구했다. 기표와 기의의 결합시스템은 그가 언어를 분석하는 핵심으로 다가선 것이다.

한 나라와 그 사회적 약속인 언어는 그 사회, 시대적 가치와 세계관이 담겨져 있다. 나라마다 언어가 다르고 같은 국가의 언어라도 시대에 따라 옛 언

15. 랑그와 파롤의 관계와 의미전달결합방식의 차이

어와 현대언어가 다른 것은 이와 같이 세상이 변화하고 변화의 상황에 맞추어 언어도 그에 걸맞게 변화하기 때문이다.

기표signifier는 문자와 같은 사회적 기호체계이고 기의signified는 그것의 뜻이다. 예를 들어 '소'는 영어로 'Cow'이다. 소라는 글자는 각 나라마다 언어에 따라 다른 글자로 표현된다. 그러나 '소'라는 한국어를 생각했을 때 우리가 가지고 있는 소의 이미지는 영어 Cow를 생각할 때와 같다. 그러나 불어 papyon의 경우 나방과 나비라는 두 가지 뜻이 존재한다. 한국어에서는 나방과 나비는 두 개의 명백히 다른 단어이다. 이처럼 프랑스인에게는 나방과 나비가 하나의 동일한 단어로 인식되는 사회적 체계 속에 있기 때문에 한국어와 다른 관계맺기 체계로 되어 있는 것이다.

그래서 기표와 기의는 항상 서로 '끊임없이 미끄러지는 관계'라고 언급된다. 영원히 하나의 기표 하나의 뜻이 결합되는 것이 아니라 시대와 외적 변수에 따라, 각각의 상황에 따라 변화될 수 있는 관계를 맺게 되기 때문이다. 그래서 기표와 기의는 어떻게 관계를 맺게 되는가에 따라서 각각의 서로 다른 의미를 형성할 수 있는 가능성이 있다.[9)]

모더니즘의 세력이 점차 힘을 잃어가는 시기에 롤랑 바르트는 구조주의 언어학(소쉬르적인 사유)에 반격을 가했다. 이러한 반격에 많은 사람들의 호응을 보냈다. 이미 시대는 변화하고 있었고 바르트가 공격했던 시점은 새로운 시대와 성향에 알맞은 사유를 제시한 것에 공감했기 때문이다. 이런 상황에서 구조주의 핵심으로 간주되는 소쉬르의 주장의 취약점을 드러내 인정을 받게 된다면 기존질서를 파괴하고 새로운 사유와 운동의 구심점을 획득할 수 있게 될 것이다. 앞으로 살펴보게 될 바르트의 주장과 료타르의 담론이 그러한 중요역할을 수행하였다.

9) 이 내용은 3권 '0305구조주의 철학자의 사유' 참조

이제 구조주의 언어학자이자 포스트구조주의의 연결점에 있었던 롤랑 바르트의 공격을 살펴보기로 하자.
여기 소라는 영어 단어인 OX가 있다고 가정해보도록 하자. OX(소)를 보면 연상되는 것이 무엇인가? 연상되는 것이 하나가 아니라 여럿이라면 그 이유는 무엇일까? 단어의 의미가 전달된다면 그것이 곧 언어의 기능을 하는 것이다. 언어는 어떻게 보면 사회집단에서 기능전달 과정을 시스템화하는 것이다. 여기서 구조주의 언어학은 시스템을 연구한 것이었다.

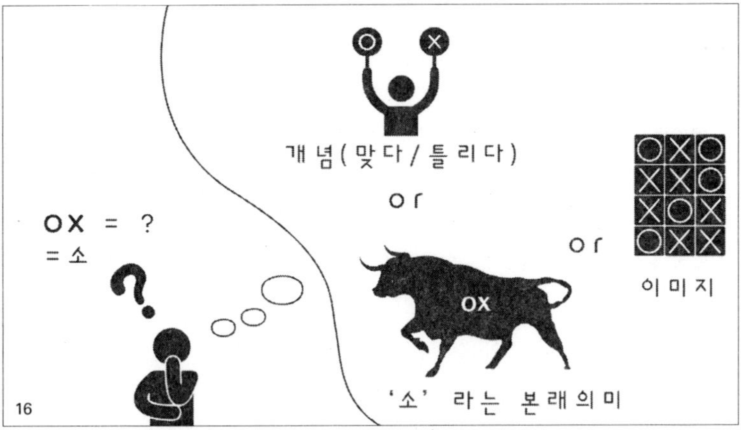

16

OX라는 단어를 보았을 때의 반응을 생각해 보자.
첫 번째, 그는 '기의가 이미지를 말하는 것인가? 아니면 개념인 OX를 말하는 것인가? 아니면 사물로서의 소를 의미하는 것인가?'에 대한 혼란이 있을 수밖에 없다고 이야기한다.
두 번째, 소리의 결합과 나타난 것은 집합적인 교육에 의한 것은 아닌지에 대한 의문을 제기한다. (사용은 사회적인 실습이거나 비트겐슈타인이 '언어 유희'이다.) 그리고 이것이 바로 의미화signification이다.
세 번째, 그는 '의미 그 자체로는 의미가 없는 상상의 체계에 의한 생산물인

16. 단어 OX 이해의 혼란스러움

가?' 에 대한 의문을 제기했다. 포스트모더니즘의 시작은 건축적으로 시작했지만 그러한 사유체계가 활발하게 담론화 되고 논란이 되어 공개적으로 토론이 이루어진 것은 료타르에 의한 것이었다.

이런 식으로 공격하게 된다면 사실, 구조주의가 내포하고 있는 가장 큰 장점인 근본적인 구조를 밝힌다는 것은 처음부터 공격을 받아 혼란이 야기되어 구조주의의 핵심이 위협받을 수 있을 것이다. 당연히 구조주의를 넘어서기 위해 공격하는 철학자에게는 구조주의의 시조이자 대가로 인정받고 있는 소쉬르를 공격하는 것이 최우선일 것이다.
이렇게 롤랑 바르트는 구조주의 학파의 우두머리격인 소쉬르 언어학의 허약성 및 단점을 부각시켰다. 이후 본격적으로 포스트모더니즘의 시작을 알리는 장 프랑소와 료타르(프랑스)의 주장이 제기되었다. 료타르는 포스트모던의 개념이 안티모더니스트anti-Modernist(모더니즘이라는 거대한 신화적 특성을 근본적으로 불신하고 회의하는 것으로부터 시작한다)의 개념이라고 반격한다. 그의 주장은 '포스트모던적 조건'이라는 책에서 잘 나타나 있지만 그의 저서가 나온 이후 이 부분이 격렬한 논쟁거리가 되었다. 이러한 논쟁은 모더니즘 시대의 기득권층과 다원적인 새로운 질서를 만들고자 하는 세력의 대리적 양상일 수 있다. 한편으로 철학은 어느 면에서 그런 정치, 문화, 사회적 행동 및 이익과도 밀접한 관계를 지녔으며 기득권의 논리와 그것을 타파하고자 하는 세력과의 당파적 투쟁이라고 해도 과언은 아니다.

포스트모더니즘의 기호적 특성과 쟁점

소쉬르 이래로 철학계의 주요 관심중 한 갈래는 언어적인 부분에 집중되었다. 모던의 급격한 변화는 이전 시대와는 현저하게 큰 차이를 보이는 것이어서 완전한 단절과 같은 상황이었고 그것의 핵심이 되는 사유는 소쉬르의 언어학으로부터 시작되는 것이었기 때문이다. 모던 이후 포스트모던 시대에는 기표의 다양한 쓰임에 따른 다원적인 양상이 나타나게 되었기 때문에 언어게임으로 언급되는 포스트모더니즘의 경향이 두드러지게 되었다.

사회전반에 모더니즘 체계가 공고하게 뿌리를 내리고 난 이후 모더니즘의 맹신이 잘못된 것일 수 있다는 반격에서 이제는 그 구조에서 벗어난 언어를 가지고 자유로운 조합을 통해 새로운 가능성 및 미끄러짐에 대해서 사유하고 표현할 수 있는 가능성이 열리게 된 것이다.

포스트모던은 이렇게 언어에서 기표와 기의가 가지는 관계에 대해서 주목하고 소쉬르 언어학의 취약성을 공격하여 새로운 시대적 가능성을 열 수 있는 담론을 형성했다. 즉, 포스트모더니스트들은 기표와 기의의 관계를 집중적으로 분석하여 소쉬르가 말한 관계와는 다른 측면의 기표적 특성이 존재하며 오히려 역전현상이 일어나게 되는 상황을 사유했고 결국, 자본의 순환주기 및 소비가 중요해지는 후기 산업사회의 현상을 반영한 담론들을 펼쳐나갔다.

4005 알튀세르의 질문구조와 중층결정

우리가 1권에서 알튀세르의 중층결정에 대한 담론에 대해서 살펴본 바와 같이 그의 논의는 특히 문화정치학, 혹은 정치경제학파의 논의에서 중심을 이루고 있는 내용과 밀접한 관련을 맺고 있다. 마르크스는 기존의 고전적 경제학과 차이를 보였다. 그는 '상품의 가치를 형성하는 것은 노동이다'라는 주장을 했고 알튀세르는 '노동의 가치는 노동을 새롭게 할 수 있도록 유지해주는 생필품의 가치와 같다' 라는 문장으로 고전경제학과의 단절을 보인 것으로 생각했다. 고전경제학의 노동은 마르크스의 '노동력'의 추상화된 환산개념이 결여되어 있었던 것이다. 그것은 사실 인식의 부족에서 나온 부족한 질문의 한계로 인해 부족한 답이 나온 것으로 그는 생각했다. 알튀세르는 새로운 시대에 맞는 새로운 질문구조를 하게 되면 거기에 어울리는 새로운 사유의 답이 나올 수 있다고 생각했던 것이다. 그렇다면 마르크스가 생존하던 당시의 초기 자본주의를 설명하는 구조와 이후 좀 더 다양한 방향으로 발전하게 된 자본주의 상황에서는 다른 방식의 질문을 통해 다르게 사유되고 답이 나와야 하는 것은 당연하다.

마르크스는 경제라는 토대base 위에 정치, 법률, 문화, 사회적인 요소들이 집을 지을 수 있도록 구조화 된다고 이야기했다. 이것을 다르게 이야기한다면 경제적인 요소가 착취구조를 만들어내는 가장 큰 견인차 역할을 한다는 의미이다. 이러한 경제구조에 의해 사회를 지탱하는 억압과 통제구조가 가속화되고 심화되었다는 주장이다. 사실, 마르크스가 생존해 있던 시기의 사회적 상황은 이러한 주장이 어울릴 만한 2차산업시대였기 때문이다.

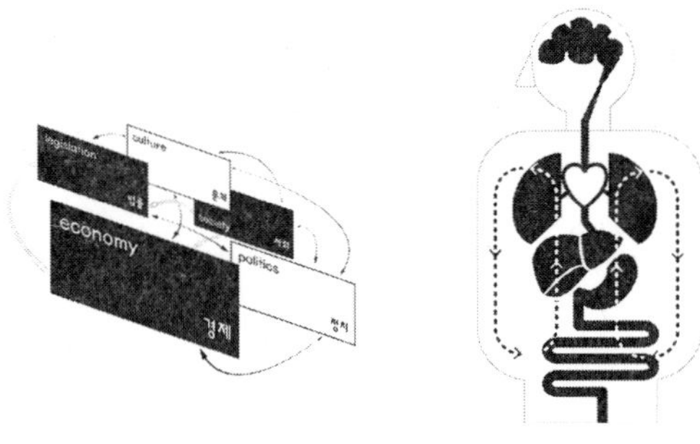

17

17. 알튀세르의 중층이론과 유기적 연관관계

그러나 알튀세르의 주장은 다르다. 그가 주장하는 의견은 이러한 여러 요소들이 서로 중층적으로 영향을 주고받는다고 생각한다. 중층이라는 이야기는 여러 개의 층, 즉 레이어가 있다는 뜻이다. 앞서 살펴본 바와 같이 정치, 경제, 법률, 문화, 사회적 요소 등 다양한 사회적 요소들의 레이어들이 서로 겹쳐지면서 영향을 주고받는 현대적 상황에 대해서 논의한 적이 있다. 그것은 마치 신체속의 장기들이 상호 연결되면서 영향을 주고 받는 것과 비슷하다고 할 수 있을 것이다. 억압과 착취를 만들어내는 요소들은 경제뿐만 아니라 그 외에도 다양한 요소들이 많이 존재한다는 뜻이다. 이것은 2차 산업에서 3차 산업 서비스업의 다원화된 사회에서 더욱 힘을 발휘하는 논의일 것이다. 예를 들어 후기산업사회에서는 어느 나라나 대기업이 막강한 위치를 점유하고 있지만, 그렇다고 해서 무소불위의 힘을 발휘하는 것만은 아니다. 정치권과 시민사회(언론기관) 등과 함께 이들은 서로 견제하고 영향을 주고받으면서 힘겨루기를 하기도 하고 끌려가기도 하고 주도하기도 한다. 그러면서 억압과 착취구조를 강화 내지는 가속화시키기도 하고 무력화시키기도 하면서 균형을 맞춘다. 3권에서 이야기한 바와 같이 FTA가 적절한 사례로 볼 수 있는데, FTA는 협상과 발효시기 전까지는 일반시민들의 피부에 와닿지 않는다. 그러나 실제 법률적 효력이 발생하고 나타나는 파급효과는 어쩌면 대규모 전쟁을 치루는 것보다 더 심각한 영향을 끼칠 수도 있다. 일반 대중의 생존과 직접적으로 관련이 있기 때문이다. 이러한 상황이 상부 토대의 결정인자가 하부까지 깊게 영향을 끼치는 대표적인 예가 될 수 있다.

18

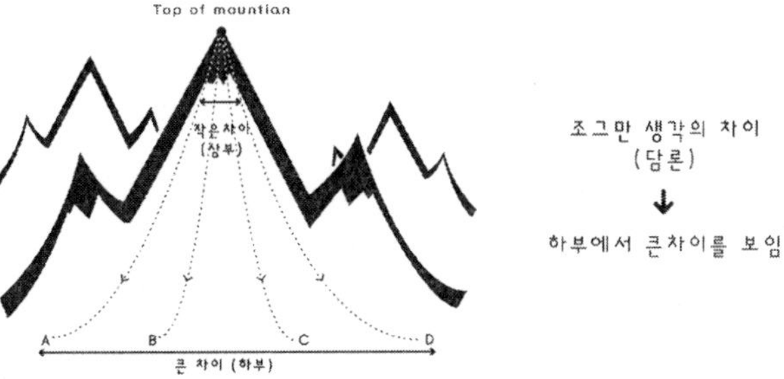

18. 생각의 차이와 하부에서의 차이

생각과 사유의 조그마한 차이가 실제 물리적, 구체적 분야에 이르게 되면 매우 폭발적으로 확장되거나 큰 차이를 만들어내게 되는 경우가 많다. 예를 들어, 우리가 산에 등반하여 정상에 섰다고 생각해보면 보통 산 정상에서는 각 지점으로 내려가는 다양한 갈래의 길이 존재한다. 산 정상에서 갈랫길을 선택하여 내려오게 되면 상부에서 거리상 각지점과의 거리가 별 차이가 나지 않지만 내려오면 내려올 수록 차이는 커지게 되어 하부에 내려오게 되면 A에서 D까지의 거리가 어마어마한 거리가 되고, 걸어서 가기에 매우 힘든 지경에 이르게 된다. 상부의 조그마한 생각의 차이가 하부에 이르러서는 엄청난 차이를 만들어내는 것이다. 우리가 TV 시사 토론이나 국회에서의 논의와 투쟁이 별 것 아닌 것처럼 보일 수 있지만 그곳에서의 회합 또는 논쟁이 일반 시민의 삶이라는 하부에 내려오게 되면 관계되는 시민들의 삶이 송두리째 바뀔 수 있는 엄청난 파장이나 변화를 일으키게 된다. 우리는 앞서 1,2,3권에서 조그마한 생각의 차이가 1,2차 세계대전이라는 엄청난 재해를 일으키거나 혹은 그것을 치유할 수 있는 힘을 지니고 있다는 것을 확인할 수 있었다. 그만큼 생각의 차이, 삶의 자세, 철학의 자세가 결국 모든 것을 결정짓고 바꾸어놓을 수 있다. 생각의 힘은 그만큼 폭발적인 기폭제와 같은 힘(휘발성)을 가지고 있다.

한편 알튀세르는 기득권층이 사회의 여러 가지 질서를 유지하기 위해 이데올로기 체계를 가동한다고 그는 생각했다. 학교기관과 군대, 기타 사회 조직(이데올로기 조직) 등이 이러한 역할을 수행한다고 생각했다. 필자도 군대 경험을 하며 획일적이고 타성적인 조직에 몸담았다가 제대한 이후 창조적, 대안적 생각을 자유롭게 할 수 있기까지는 많은 시간과 노력이 필요했다. 현대를 사는 사람이라면 누구나 이렇게 기존의 기득권 세력이 구축해놓은 구조 속에서 자유로울 수 없다. 그 이유는 현대인들이 구조화된 사회를 살고 있기 때문이며 그것은 달리 말해 일상이 꽉 짜여진 매트릭스에 의해 통제되고 조종받을 상황이 많기 때문이다. 이렇듯 알튀세르는 논의는 문화도 권력적 이데올로기가 되는 현 상황에서의 논의를 이끌어 나가며 핵심적인 담론을 펼친 인물이다.

4006 보드리야르의 시뮬라크르

언어게임으로 시작하여 기표의 역전현상이나 기형화되는 포스트모던 현상과 관련된 사유에서 보드리야르의 담론체계를 피해갈 수는 없다. 근본적으로 포스트모더니즘의 표현체계는 기호적이고 상징적이며 보드리야르의 논의는 핵심을 정면으로 다루고 있기 때문이다. 모더니티는 언어적 게임으로 통칭되는 거대 담론이다. 이 의미는 하나의 언어적 세계속의 사유와 물질화를 가리키는 것이다. 마찬가지로 포스트모던의 다양한 기호적 요소들과의 역학관계는 모더니티와 포스트모더니티의 관계를 사유하는데 있어서 중요하다.

보드리야르는 기호학을 통해 현대 자본주의를 독창적으로 재해석했다. 그는 현대사회의 기호는 현실보다 더 현실적이며, 물질보다 더 물질적인 것이 되었다는 주장을 펼치고 있다. 약간은 어렵게 느껴질 수 있으므로 한 가지 예를 들어보자. 만화를 좋아하는 아이들에게 쥐를 그려보라고 했다. 어떻게 그렸을까? 미키 마우스를 그렸다고 한다. 이것이 단순히 우스개 소리만은 아니다. 실제 우리의 삶 속에서 이렇게 기호가 미치는 파급효과는 지대하며 우리의 일상에 긴밀하게 작용하며 영향력을 미치고 있다. 실제로는 존재하지 않는 것이 존재하는 것처럼 생각되거나 아예 생겨나서 강력한 영향력을 미치게 만드는 상황, 이것이 포스트모던 시대의 기호의 힘이다. 똑같은 기능의 물품이 관련 캐릭터와 결합되는 순간 가치와 선호도가 급격하게 변화될 수 있다. 이러한 변화는 곧바로 구매력의 증가 혹은 저하라는 결과로 나타난다. 좋게 표현해서 힘이지 이것은 엄밀히 이야기하면 권력체계 내지는 억압체계라는 말과 같다. 다시 말해, 이러한 기호 및 이미지는 무언가 의도를 포함하고 있다. 그것이 우리의 일상을 통제하거나 과소비를 부추기거나 우리의 생각을 지배하고 있음을 인식하는 그 순간 '기호라는 것이 이렇게 강력한 영향력을 끼치는 요소이구나!' 라는 것을 깨닫게 된다.

19

우리가 오늘날 포스트모던화된 도시 속에서 산다는 것은 무차별적으로 노출된 기호의 홍수 속에서 살아간다는 것을 의미한다. 이러한 기호들은 저마다 다양한 의도와 욕망을 내포하고 있다. 자본사회에서는 기호들이 대부분 상업적 이익을 위해 교묘하게 사용되는 경우가 대부분이어서 씁쓸한 경우가 많다. 일상생활에서 접하게 되는 인터넷의 포털 사이트들도 이러한 면을 가중시킨다. 작은 컴퓨터인 스마트폰을 들고 다니는 현대인들은 이러한 기호의 체계와 과잉 정보문화에 더욱 중독될 수밖에 없는 상황이다. 텔레비전이나 상업광고는 노골적으로 현대인의 욕망을 드러내고, 부추기고 발화시킬 수 있도록 하기 위해서 의도적으로 비교시키고 상대적으로 결핍한 감정을 극대화시킨다. 인간은 결핍을 소비생활 또는 과식으로 만족시키고자 하지만 절대 그러한 결핍의 감정을 만족시킬 수 없다. 결핍이 일시적으로 만족

19. 기표가 현실을 왜곡하거나 역전하는 현상

되면 이내 또다른 욕망이 고개를 들게 되고 더욱 심화된다. 앞서 3권에서 살펴본 라캉식의 담론으로 말하면, 어머니로부터 분리된 감정이 공격적으로 표출되는 다른 양상이라고도 볼 수 있다.

건축부분에서 심도있게 다룰 주제로서 다음의 질문을 해볼 필요가 있다. 최근 차를 몰고 속초에 있는 한 스파와 호텔이 있는 휴양지에서 쉬다 왔다고 가정해 보자. 우리는 속초에, 강원도에 정말 갔다 온 것일까? 혹은, 발리섬, 몰디브 섬의 리조트 방갈로에서 바다가 펼쳐져 보이는 풀장에서 여유롭게 차가운 음료를 즐기며 몇 일 쉬다가 왔다고 가정해 보자. 우리는 정말 그 섬에 갔다 온 것일까? 그냥 우리는 휴양지의 기호를 몇 가지 즐기다 온 것은 아닐까? 이것에 대해서 쉽게 설명해보자. 서울에서 차를 몰고 속초로 가는 도중 국도변에는 수 없이 많은 음식점, 모텔, 특산품을 파는 상점들의 간판들이 연속적으로 펼쳐진다. 출출하면 모 연예인이 운영하는 레스토랑에서 식사를 한다. 속초의 스파에서 느긋하게 몸을 담그고 멀리보이는 설악산의 풍경을 바라보며 시간을 즐긴다. 편하게 호텔에서 쉬기도 한다. 시간이 흘러 체크아웃을 하고 다시 국도변의 많은 간판들을 보면서 혹은 그 간판 중 한 업소에서 식사를 하거나 연예인이 나오는 라이브 카페에서 소비활동을 하

20. 현대사회의 소비욕망
21. 리조트의 소비생활과 현대의 휴가

면서 서울로 돌아온다. 우리는 정말 설악산을 느낀 것일까? 경험한 것일까? 단순하게 설악산을 느낀 것은 스파에서 아련하게 멀리 보았던 설악산의 이미지라는 기호는 아닐까? 우리는 정말 그곳에 갔다 온 것일까? 이러한 의문을 느끼면서 지갑이나 카드 내역서를 보면서 많은 돈을 소비한 것을 확인할 수 있다. 매우 역설적으로 느껴질 수도 있다. 그러나 포스트모던 사회를 살아가는 현대인이라면 언어게임과 기호가 난무하는 일상생활을 피부로 느낄 수 있으며 이것은 엄연한 현실이다. 포스트 모던시대의 휴가는 이러한 경향이 무척 강하다. 어디를 가도 마찬가지의 공간, 어디를 가도 마찬가지의 기호, 소비생활 등에 익숙하고 길들여져 있는 것이다. 설악산의 정취보다는 이미지와 기호에 영향을 받게 되는 사회구조 그래서 소비하게 만드는 사회구조, 억압과 착취가 교묘하게 작용하는 것, 이것이 바로 기호의 부정적 측면의 역할이다.[10]

이것을 보드리야르는 시뮬라크르, 시뮬라시옹[11]이라고 이야기한다. 즉, 시뮬레이션simulation이다. 가상의 것이다. 그러나 이러한 가짜의 이미지들이 진짜보다 더욱 힘을 발휘하는 것이 현시대의 모습이다.

시뮬라크르는 실제로는 존재하지 않는 대상을 실제로 존재하는 것처럼 만들어 놓은 인공물을 가리킨다. 현실세계와 시뮬라크르의 세계는 서로 양립 가능한 상반적이지만 대등한 의미의 세계이다. 오늘날의 시대에는 시뮬라크르라는 원본이 없는 이미지가 얼마든지 현실을 대체할 수 있으며 현실은 오히려 그 가상의 이미지에 의해 지배당하고 있다. 이미지가 현실보다 더 현실적이라고 할 수 있는 시대가 되었다. 시뮬라크르가 기존에 실재하고 있는 것과는 독립하여 독자적인 하나의 현실을 이루고 있다. 현대는 이미지가 실제 현실을 복제하는 것이 아니라 오히려 현실이 가장된 이미지를 모방해야 하는 전도된 상황에 놓여 있는 것이다. 재현체계는 결국 합리성을 근거로 하여 통제와 관리의 시스템이 되는 근대성의 산물이 된다는 것이다.

보드리야르의 담론을 살펴보면 포스트모던 사회에서 노동의 본질은 생산이

10) 임기택 외, 건축콘서트, 효형출판, 2010, p229인용

11) 플라톤에 의하면 원형인 이데아, 복제물인 현실이 있고 복제물의 복제물인 시뮬라크르가 있다. 시뮬라시옹은 시뮬라크르의 행위를 의미한다. 시뮬라시옹Simulation 이론은 실재가 실재實在 아닌 것으로 전환되는 과정을 설명하는 이론이다. 현대 자본주의 사회에서 사물을 흉내낸 기호, 이미지가 사물을 대체하는 현상을 비판적으로 바라본 데서 유래했다. 영화 '매트릭스'의 가상공간, 미국의 황폐한 실제 모습을 환상적 공간으로 대체한 디즈니랜드를 시뮬라시옹 이론으로 설명할 수 있다.

아니라 그에 선행하는 코드화, 억압의 기능을 가지고 있다고 말한다. 모든 노동은 기본적인 억압, 통제, 규칙의 묶음이며 장소와 시간에 얽매인 일이라는 형태로 볼 수 있으며, 시뮬라크르 자체도 어디에나 존재하며 그 속에 내재해 있는 코드에 따라 생활 전체에 침투한다고 주장한다. 이것은 코드라고 부르는 행동규칙에 대한 복종이 지배적인 것이 되었음을 뜻하는 것이다. 이것에 대한 건축적 담론은 6권에서 다루게 될 것이다.

보드리야르는 심지어 부시 대통령시절 있었던 쿠웨이트 침공에 대응한 **'사막의 폭풍' 작전을 가리켜 "그 전쟁은 일어나지 않았다"** 라는 주장까지 내놓았다.

22

23

이 전쟁에서 CNN은 전쟁을 마치 게임과 같이 실시간으로 중계하듯 기호화시켜 버렸다. 안방에 앉아서 우리는 CNN이 중계해주는 이미지 속에 전쟁을 감상했다. 밤하늘에 수없이 많은 전투기들이 폭탄을 투하하는 장면은 마치 불꽃놀이를 연상시키는 장대한 이미지로 그려진다. 그 가운데 대중들은 미국의 시각과 입장에 근거한 기호들에 익숙하게 길들여졌을 것이다. 그렇다면 이라크 전쟁은 실제 쥐와 미키마우스의 관계와 같이 실제 전쟁과 전쟁의 왜곡된 이미지의 관계와 비슷한 그 무엇이 된다.[12] 대중들은 CNN이 만들어놓은 전쟁이라는 기표에 익숙해져서 실제 전쟁의 참혹함 및 현실을 이해하지 못하고 그 기표자체가 현실을 대체하여 이미지를 소비하는 현상이 나타난 것이었다. 전쟁 자체도 이제는 기호의 영역으로 확대된 현실에 대해

22. CNN의 실시간 전쟁방송
23. 사막의 폭풍작전을 순시하며 지휘하는 부시 대통령
12) 이미지와 사건이 하나로 뒹어리져 경계를 알 수 없는 상황을 보드리야르는 하이퍼리얼리티라 칭했다.

서 보드리야르는 포스트 모던사회의 불편한 진실을 꼬집어 비판하고 있는 것이다. 물론, 프랑스 철학자인 보드리야르에게 미국중심의 세계적 흐름에 비판적 시각으로 대응하는 것은 어찌 보면 당연한 것일 수도 있다.

결론적으로, 그는 이러한 자본의 폐해에 해당되는 기호의 지배 문제는 어떻게 해결하려고 했을까? 그는 진정한 사회혁명이 자본주의라는 이 시스템을 가속화 시켜 포화상태에 이르게 한 다음 스스로 붕괴하도록 하는 방법이 유일하다 생각했다. 한편으로는 매우 비관적인 해결방식이기도 하고 그만큼 역시 매우 역설적인 발상이다. 어쩌면 실제로 자본주의의 속성과 문제는 붕괴되었을 때만이 새로운 세상을 만날 수 있는 유일한 방법일지도 모를 일이다. 이것은 종말을 예견하며 논리를 이끌었던 극단적인 마르크시스트적 방법론의 또 다른 모습일 수도 있다.

우리가 살아가고 있는 자본적 특성과 자본이 만들어가는 기호적 권력은 너무나도 공고하여 자본의 순환구조가 파괴되는 순간까지는 이러한 요소들이 우리를 더욱더 일상생활에서 얽매이게 할 것은 분명해 보인다. 마르크스가 자본주의가 고도화 되어 있는 나라에서 폭동이 일어나 자본가들이 몰락할 것을 예견했듯이(물론 현실은 정반대였다.) 오히려 자본 시스템이 가속화되어 그 문제점이 폭발적으로 늘어나 내파內波될 때만이 새로운 세상의 가능성이 생길 수 있다고 생각한 것이다.

보드리야르는 오늘날의 도시공간은 개방과 폐쇄, 안과 밖, 공과 사, 균질과 혼성, 일반과 특수 등으로 이분화 되어 있다고 생각한다. 개방되어 있고 민주적으로 진화해나가고 있는 듯 보이지만, 일상의 조그마한 영역, 행동의 조그마한 영역까지도 유연한 통제의 요소들이 개입하면서 일상의 통제, 식민지화가 전지구적으로 발생하고 있다는 것이다. 이에 대한 담론은 6권 통제의 사유에서 본격적으로 다루도록 한다.

-영화 『블레이드 러너』의 정체성 혼란

우리는 전 세계를 연결하는 항공망과 전자통신망 위를 부유하는 듯이 살아가고 있다. 우리는 기억의 극장과 같은 도시라는 불특정한 기호 속에 갇혀 있다.

기표와 기의의 언어게임에 빠져있는 상황에서 오히려 기표의 역할이 비정상적으로 확대되어 현실을 압도하는 상황 속에서 진정한 의미가 위협받는 상황은 인간의 정체성에 있어서 큰 혼란에 빠뜨리게 만든다. 이러한 상황에서는 자신의 진정한 의미를 쉽게 상실하고 계속해서 자신의 정체성을 의심하게 되는 현상이 자주 발생하게 된다. 기표와 기의의 관계와 미끄러짐과 언어결합의 언어게임에 집중하다보니 포스트모던 계열의 매체들은 관점의 문제를 개인적인 전기로 환원시키는 과정에서 미궁에 빠지게 된다.
즉, 나는 누구인가? 니체가 이야기하는 누가 이야기 하고 있는 것인가? Who speaks? 의 질문이 항상 제기되게 된다. 이와 관련하여 포스트모던 시대에 제작된 걸작영화 블레이드 러너와 토탈 리콜을 살펴볼 필요가 있다.

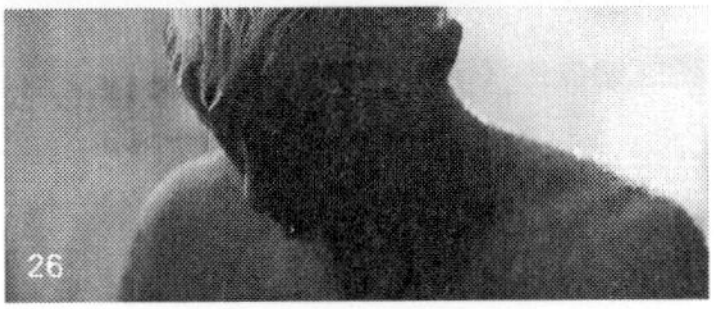

24. 영화 블레이드 러너의 미래도시이미지
25. 복제인간의 추격자 블레이드 러너(해리슨 포드 역)
26. 인간보다 더욱 인간적인 복제인간

『토탈 리콜』, 『마이너리티 리포트』등 미래사회의 이야기를 그려온 인기작가 필립 K. 딕의 원작을 영화화 한 블레이드 러너의 주된 내용은 미래사회에서 부품처럼 개발된 인간의 감정을 느끼는 시한부 생명의 복제인간중 달아난 복제인간을 뒤쫓는 내용이다. 미래사회에 대한 환상적인 상상력(실내 내부 및 도시전경, 교통수단 등)과 음울한 디스토피아적 도시분위기때문에 건축학과 학생들에게 필수관람 영화로 추천되는 작품이다. 추격자 블레이드 러너가 복제인간을 처형하는 것을 은퇴라고 한다. 여러 인간과 복제인간의 사이에서 혼란스러운 경계에 있는 듯한 장면들 및 복제인간이 오히려 죽음의 공포에 떨고 있는 블레이드 러너(해리슨 포드 역)를 구해 주기 위해 손을 내미는 장면 등은 '도망친 복제인간이 실제 인간보다 더 인간다울 수 있다'는 것과 '복제인간이 오히려 더 숭고한 죽음을 죽을 수 있다'는 충격을 던져준다. '나의 기억은 주입된 것은 아닐까?', '나는 누구인가?' '도대체 누가 이야기하고 있는가?' 진정한 의미의 '나'와 '인간'이라는 기표의 정체성 사이에서 끊임없이 사회와 미끌어짐을 경험하는 포스트모던 시대를 살아가는 현대인에게 계속적으로 질문을 하게 만들고 있다. 이 영화는 비록 개봉당시 흥행에는 철저하게 실패했지만 저주받은 걸작으로 남아 있다.

–영화『토탈 리콜』정체성 문제

같은 포스트모던적 주제를 다루고 있는 K. 딕의 다른 영화 토탈 리콜을 살펴보자. 『블레이드 러너』의 원작자 필립 K. 딕의 『도매가로 기억을 팝니다we can remember it for you wholesale』를 원작으로 한 작품으로, 당시 천문학적인 제작비인 7천만 달러가 투입된 SF 물의 영화이다. '조작된 기억'을 상품처럼 판매하고 기억을 이식해서 현실과 구분될 수 없도록 만든다는 설정, 이에 맞물려 돌아가는 강렬한 반전을 통해 포스트모던 시대의 담론의 중심적인 논의가 되는 기표와 기의의 혼란과 시뮬라크르의 담론과 연결된다.

서기 2084년 광산에서 일하는 퀘이드(아놀드 슈왈츠제네거)는 미녀와 화성을 여행하다가 실족해 죽는 악몽에 시달린다. 어느 날 퀘이드는 기억이식을 통해 실제 여행보다 저렴하고 안전하게 여행의 추억을 만들어준다는 광고를 보고 '리콜'이란 회사를 찾아간다. 퀘이드는 비밀요원이 되어 이국적인 미인과 화성으로 떠난다는 내용의 상품을 선택하고 기억이식을 시작하지만 갑작스런 부작용으로 발작을 일으키는 과정에서 자신의 과거를 잃어버리고 조작된 기억으로 살아가는 자신의 진짜 모습을 감지하게 된다. 결국, 자신의 과거를 되찾기 위한 험난한 모험을 시작하고, 천신만고 끝에 여정의 정점에 도달했다고 느끼는 순간 그에게 또다른 혼돈이 시작된다.

2012년판으로 다시 리메이크 될 정도로 강렬한 이미지를 남겼던 이 영화는 포스트모던 시대를 사는 오늘날의 현대인들에게 자신의 정체성과 기억과 기표와 기의의 진정한 의미가 무엇인지에 대해서 계속되는 질문을 하게 만드는 힘이 있다. 또한 자신의 기억과 관련하여 7권에서 살펴보게 될 생기론적 사유와도 밀접한 관련이 있다.

27. 영화 토탈 리콜의 기억주입장면
28. 영화 토탈 리콜의 정체성 혼란

4007 문화 제국주의적 경향

한 세기를 마감하면서 동시에 다음 세기를 시작하는 시기에는 소위 세기말적 현상이 나타나는 것이 일반적인 인간사의 경향이다. 1990년대 중반 이후의 미국의 상황은 세기말적 문화공황의 시기로서 1890년대 상황과 비슷한 상황이 있었다. 홍콩이 중국으로 반환되면서 공산화된 사회의 억압적 분위기로 흐르게 될 것이라는 공포감과 Y2K로 알려진 2000년의 밀레니엄 버그를 통해 컴퓨터를 사용하는 모든 일이 마비될 수 있어 커다란 재난으로 이어지게 되어 전세계가 혼란속에 전쟁이 일어날 것이라는 막연한 공포가 만연하던 때가 있었다. 문학용어로 말하면 일명 '데카당'한 분위기가 지배하던 시기였다. '데카당decadent'하다는 것은 퇴폐적이거나 타락한 느낌 정도로 기존의 형식에서 더 나아가 정신분열과 유사한 사회적 현상이 심화되는 것을 의미한다. 그러나 이것은 동시에 새로운 시대를 열어 나갈 창조적인 무언가가 내포되어 있는 시기이기도 하다. 동양의 태극에는 양 극 안에 둥근 원이 양과 음에 들어가 있다. 음 속에 양이, 양 속에 음이 배치되어 싹트고 있는 것이다. 원래 음이 극에 이르면 양이 생성되고 양이 극에 이르면 음이 생성되는데 극에 이른다는 것이 바로 진행과정 중에 다른 양상이 내부에 자리잡고 있는 것을 의미한다. 데카당의 의미도 이와 유사하다. 이러한 것을 '데카당' 하다고 표현하는데 1990년대 중, 후반의 경우가 그런 시기였던 것으로 생각된다. 따라서 이 시기에는 예술 및 문화적으로도 또한, 건축적으로도 퇴폐주의, 과거로의 회귀, 허무주의 등의 경향이 전파되었다. 이것은 어느 정도 후기 식민주의적인 경향이 전세계에 전파된 것으로 생각할 수도 있다.

29

5권에서 살펴보게 될 해체주의는 이렇게 데카당한 20세기 말의 상황에서 나온 세기말적인 시각으로 보는 견해도 많다. 해체의 담론이 활발하게 논의되는 이유 자체는 유럽과 같이 컨텍스트가 강한 지역에서 기존 컨텍스트와 화

29. 태극의 원리

해 혹은 온전히 조화될 수 있는 방안이나 보충할 수 있는 새로운 구축 방법론에 대한 담론을 강화시키기 위한 움직임이었다고 볼 수 있다. 그 이론을 주창한 사람 역시 유럽의 프랑스인 자크 데리다였다. 그런데, 그 논의는 오히려 미국에서 활발하게 받아들여 전세계적으로 확산되었다. 상대적으로 역사가 일천한 미국이 해체주의를 주도했다는 것은 매우 아이러니한 상황이지만, 거기에는 세기말의 데카당한 사회적 상황에서 문화적 주도권을 잃지 않고 새로운 문화적 주도권의 콘텐츠를 기다렸던 미국의 이해관계와 맞아떨어진 상황이 있었다. 이 시기의 다중 문화성과 문화적 타락 분위기는 다음과 같다.

-문화의 삽입과 다중문화성

문화의 흐름은 자연스럽게 선호하는 문화콘텐츠를 중심으로 소비되고 생산에서 소비하는 국가로 흘러가는 경향을 보이게 된다. 마찬가지로 건축에 있어서도 공간적 표현적 경향은 제국주의적인 경향과는 별개로 전파되는 경향이 존재한다. 그런 면에서 전통적인 것과 별개로 문화 제국주의적인 것이 모든 것을 차지하며 파괴하고 있다는 생각은 상당히 위험하다. 그런 요소가 분명 존재하지만, 그것보다 세계적으로 공통으로 발생하고 있는 생산양식의 변화로 인하여 공간적 인식과 재현적 특성이 변화하는 것에 주목할 때 국수주의적 시각에서 벗어날 있다. 즉, 문화 자체는 다양성이 기본이 되어 서로 직접 부딪치며 서로의 관점들을 교환하게 된다. 동양이니 서양이니 하는 개념들 속에 숨을 필요는 전혀 없다고 볼 수 있다. 새로운 상황을 어떻게 파악하고 각 나라의 정체성을 드러내며 표현하는가가 중요하다고 볼 수 있다.

-주도권을 위한 미국 MOMA의 당시 전략

세기말의 시기로 통칭되는 1990년대 말, 미국의 문화적 상황은 세계를 주도할 수 있는 문화적 여력이 부족했던 시기였다. 이 시기에 미국 중심의 주도권을 유지하기 위한 전략들은 다음과 같다. 뉴욕 현대미술관MOMA에서는 이 시기에 미국의 내세울 만한 문화적 주도권을 쥐고 흔들 만한 능력의 작가를 찾다가 실패하고 이 시기를 이국주의적인 내용의 예술품exotism들을 수집하여 전시하는 전술로 선회하게 된다. 제 3세계에서 주목받지 못하던 신예들의 수준이 떨어지는 듯한 기묘한 이미지들을 가진 작품들을 가져와서 세계적으로 유명한 MOMA에서 전시를 한다. 즉, 몇 가지 의도가 숨어 있다. 여기에는 '제3 세계의 이색주의로 문화적 공황을 대처하려고 한다.' 라는 의도가 숨어 있다. 이에 따른 세부적인 전술을 살펴보면 다음과 같다.

첫째, 미국의 문화적 제국주의 위치를 확인시키고(정치적 입장),
둘째, 미국의 선민의식을 제3 세계에 심는다.(주도권의 문제),
셋째, 다가올 제3 세계의 시장을 공략한다.(시장논리) 등이 그것이다.

정치적 입장에서 바라보면, 미국이 제3 세계의 예술까지도 신경을 쓰고 있음을 보여주는 상징적 의미와 정치적 논리를 가지고 있다. 한편으로 이것은 여전히 문화적으로 전파하는 정치적 입장을 계속해서 고수하겠다는 의도이다. 즉, 계속해서 선택하고 분류하고 경향을 끌어가는 권한은 미국이 거머쥐겠다는 의도를 보여준다.[13)]
사실, 이러한 문화정책 및 주도권을 쥐고자 하는 행태는 오늘날에도 계속되고 있다. 건축분야에서도 예외는 아니다. 이 시기는 서구권의 건축교육과 주도권에 해당되는 내용들이 무분별하게 수입되어 전파되는 시기였다. 건축적으로는 해체주의 건축 등이 그러한 경향으로 볼 수 있을 것이며 이후, 살펴보게 될 경계해체 디자인 경향이 노마디즘Nomadism 및 컴퓨터 툴과 프로그램의 발전으로 손쉽게 양산되는 것으로 생각할 수도 있을 것이다.

아울러, 후기 식민주의 문화의 현상은 다음과 같다.
첫째, 유목민인 것 즉, 특수 문화에 영향을 받지 않는 것으로 불예측성과 취약

13) 코디최, 20세기 문화지형도, 컬처그라퍼, 2010, p193 부분 인용

성을 가지고 있다.
둘째, 혼성화hybrid 되는 것으로 문화 정체성의 모호한 제3의 공간을 의미하고 있다. 비영토화는 혼성화와 관계가 있는 것이며 이것은 힘의 논리이므로 식민주의 근성이 존재하게 된다. 국제화Internationalization의 전지구화Globalization, Cosmopolitanism, 현지화Localization가 동시에 발생하고 있다. 이러한 요소들에 대해서는 5권 해체주의 담론을 다루면서 더 살펴볼 것이다.

4008 료타르의 포스트모던 진단

포스트모던의 핵심으로 볼 수 있는 료타르와 하버마스의 논쟁을 살펴보면 포스트모던의 상황과 모순점에 대해서 이해하는 계기가 될 수 있다. 료타르는 대표적 저서 『포스트모던의 조건』에서 현대의 포스트모던 현상을 거대 설화(신화)에 대한 불신으로 정의하고 있다. 모더니즘의 거대신화grand narrative는 역사의 진보, 과학의 절대적 숭배, 절대자유의 추구를 의미한다. 그래서 전체가 하나의 보편적인 체계로 이해가 가능하다.
현대세계에서 과학은 거의 절대적인 지위를 획득한 체계이다. 그러나 과학으로 설명할 수 없는 부분은 얼마나 많은가? 과학적 세계관 역시 하나의 세계관에 불과할 수 있다. 과학적 세계관 만을 신봉하는 것은 매우 위험할 수 있다. 과학으로는 설명할 수 없는 근본구조 및 인간심리와 감성주의의 다원화된 세계를 과학적 세계관만으로 파악하고 신봉하는 것은 주술적 미신을 믿는 것과 다를 바 없는 것일 수 있다. 료타르는 이데올로기로 대표되는 과학적 지층 역시 매우 허약할 수 있다는 것을 주장하고 있는 것이다.

그러나 포스트 모던사회와 가치관에서는 모든 것이 차이를 보인다. 그것은 다원화 된 차이의 세계이다. 우리는 가치, 문화, 욕구 모든 것이 다르다는 것을 인정하며 하나의 기준으로 비교하지 않는다. 그는 언어의 근본구조를 이야기했던 소쉬르의 언어학의 문제점을 지적하면서 언어게임의 보편규칙은 있을 수 없다고 주장한다. 앞서 살펴본 OX의 사례에서와 같이 기표와 기의가 결합되는 것의 다양한 차이가 존재할 수 있기 때문이다. 포스트모더니즘적 사고는 과학과 이성의 보편성보다는 개별적이고 국지적인 측면을 강조한 것이다.

그러나 포스트모던적인 사유는 거대한 보편성의 절대적 힘을 맹신하는 것을 파괴는 했으나 개별적, 국지적 측면에서는 오히려 거대한 보편성의 절대성보다 더 공고하다는 단점이 있다. 다양한 듯하지만 오히려 다양성 자체의 그 내부에 들어가면 더욱 공고하고 절대적이라는 뜻이다. 이렇게 역설적이고 혼란한 상황은 어째서 존재하게 되는 것일까? 포스트모던의 다양하고 다원화된 차이만큼이나 다양한 층위의 담론과 혼란이 있어왔었던 것이 사실이다.

4009 하버마스와 료타르의 포스트모던 논쟁

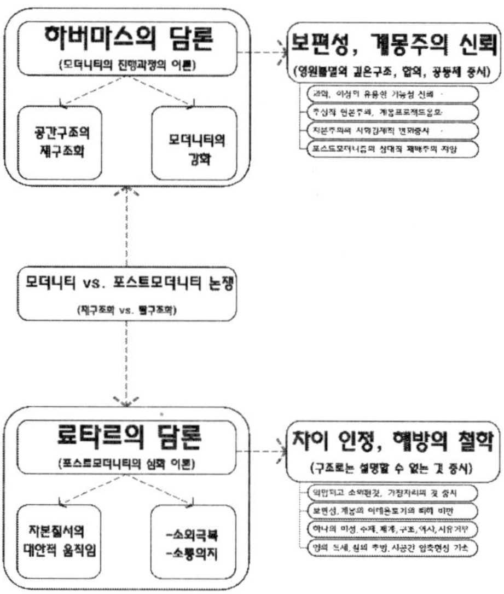

30

30. 하버마스와 료타르 담론의 차이

전술한 바와 같이 포스트모더니즘을 이야기할 때 접두어 **'포스트post'**를 어떻게 해석하는가에 따라서 같은 상황을 바라보는 다른 담론이 될 수 있다. 이렇게 다른 해석이 나오는 이유는 그만큼 포스트모던을 바라보는데 있어서 다양한 시각과 움직임이 있고 상호 모순적인 면이 동시에 발생하기 때문이다. 그런 이유때문에 한국 정신계에서는 포스트모더니즘 및 후기 구조주의를 잘못 이해하여 생기는 많은 폐해가 있었다. 이렇게 포스트모더니즘에 대한 혼란을 없애고 이해하기 위해서는 하버마스와 료타르의 치열한 논쟁을 살펴보는 것이 핵심이다. 공개적으로 진행되었던 하버마스와 료타르의 논쟁은 모더니즘과 포스트모더니즘을 어떻게 바라보아야 할 것인가에 대한 통찰력을 제공해준다.

1990년대 중반에 접어들면서 포스트모더니즘이란 현상도 결국은 근대성이 더욱 확장된 것에 불과하다는 각성이 많은 철학자들이 인정함에 따라 넓은 의미의 '근대성' 개념을 끌어들여 계몽주의 이래 이룩된 문명적 특성 전반이 재조명 되었다. 포스트모더니즘에 관하여 극렬한 대립의 의견을 보여왔던 하버마스와 료타르의 논의는 모더니티와 포스트모더니티의 논쟁에서 '포스트' 의 의미를 모더니티 이후의 연속성에 근거한 것이냐 모더니티와는 완전히 다른 '탈脫' 의 의미를 가지는 것이냐에 따라 정반대의 의미를 지니게 된다. 따라서 이 논쟁이 현대성을 이해하는데 있어서 핵심적 부분이다. 이 담론은 사실 오늘날에도 여전히 유효한 부분이다. 같은 단어를 어떻게 바라보는가에 따라서 생산구조 및 재현 양태의 이해와 나타나는 물질화가 확연하게 달라질 수 있기 때문이다.

31

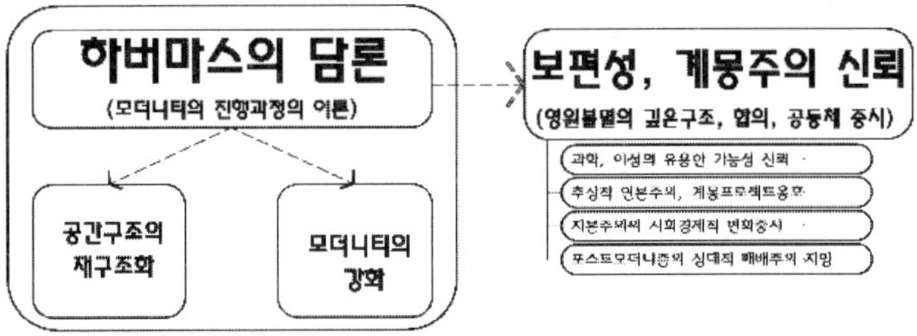

–하버마스 담론의 특성

하버마스의 담론은 모더니티의 진행과정이 계속되고 있다는 입장을 고수하고 있다. 이것은 공간구조로 보면 재구조화 되면서 통제가 정교해지는 것으로 설명 가능하며 모더니티의 특성이 발전되면서 강화되는 것으로 생각할 수 있다. 모더니티의 특성상 하버마스의 담론은 보편성과 계몽주의를 신뢰하여 계속적으로 모더니티의 이성적 과정이 진화해 나갈 것이라는 신념을 견지하고 있다. 구조주의적인 특성은 차이점도 있지만 상당부분 모더니티의 특성과 연결되어 합치되는 것처럼 보인다. 즉, 변하지 않는 기존의 깊은 구조를 신뢰하고 합의와 공동체 공동의 이상을 중시하는 구조를 보이는 것이다. 하버마스는 계몽주의를 중시하는 만큼 과학과 이성의 유용한 가능성을 신뢰하고 있으며, 인간의 이성을 중시하는 경향은 추상적 인본주의의 사고를 만들어냈다. 또한 인류를 좀 더 수준이 높은 방향으로 전체적으로 진화시켜나갈 수 있다고 믿는 계몽 프로젝트를 옹호하는 특성을 가지고 있다. 이러한 성향은 이성의 진보와 기술공학을 신뢰하여 산업혁명 이후 사회경제적 변화의 과정을 중요시한다. 자본주의의 생리상 이성을 파괴적인 힘을 통한 끊임없는 변화와 진보를 중시하는 특성을 보인다.

한편, 2권에서 살펴본 바와 같이 하버마스의 담론과 모더니티의 폐해에 대

31. 하버마스 담론의 특성

한 비판도 상당히 많다. 수준 높은 보편적 사회로 진보시켜 나가고자 하는 의지와 대중과 사회구조, 문화 등을 좀 더 높은 수준의 경향으로 계몽시킬 수 있다는 믿음은 다양성 및 구체성에 대한 근거를 상쇄시킴으로써, 무언가 자꾸 포괄하고 통제하려는 경향으로 흐르게 된다.(동일성의 폐해) 이러한 보편성을 강조하면서 권력의 요소가 개입되고 제국주의적 요소가 나타나게 되었고, 이것이 인류의 역사에서 양차세계대전이라는 결과를 가져오면서 인류에게 무수한 테러를 일으킨 폐해가 되었다는 주장의 근거가 되었던 것이다. 이것을 우리는 1권에서 자세히 살펴보았다. 이러한 주장을 하는 사람들은 이러한 모더니티를 우리는 엘리트, 부르주아 모더니티라고 칭하고 있다.[14)]

–탈구조화 담론과의 관계

하버마스의 담론체계는 포스트모더니즘을 옹호하는 사람들의 사유체계에 존재하는 상대적 패배주의를 비판한다. 모더니티라는 신화적 거대담론의 언어게임 체계는 깊은 구조를 중심으로 하고 있다. 신화적이라는 것은 너무나 거대한 신화와 같은 이야기이기 때문에 인간이 끼어들 자리가 없는 것이라고 했다. 또한 깊은 구조라 함은 인류전체를 관통하여 설명할 수 있는 근본적인 구조에 대해서 연구하는 것임을 이전에 언급한 바 있다. 포스트모더니티의 담론을 펼치며 탈구조적인 의견을 피력하는 철학가들에게 구조주의자들은 포스트모더니티는 모더니티의 담론체계와 틀이 있었기에 상대적인 반론이 나올 수 있었음을 상기시키고 있다. 결국, 모더니티의 거대한 담론체계와 깊은 구조 체계 내에서 포스트모더니티의 요소들은 모더니티에서 부족한 부분들을 채워주면서 완성되어 나간다는 주장을 펼치고 있는 것이다. 1990년대 중반 이후 포스트모더니티 현상도 광의적인 의미에서 모더니티의 연장선상에서 새로운 원동력이 되는 동인動因이 되거나, 모더니티의 과정에서 소외된 가장자리의 것도 만족시켜주는 역할을 한다고 할 수 있다. 다시 말해 보충적인 방향으로 진화하는 한 부분으로 간주되고 있는 실정이다. 혹

14) 임기택, 현대건축의 경계해체적 경향에 관한 연구, 홍대 박론, 2007, p41

은 모더니즘 내부에 이미 포스트모더니즘에 해당되는 차이의 부분의 과정 역시도 잠재적으로 포함하고 있었다는 주장도 있다. 이에 대해서는 나중에 다시 살펴보도록 하자.

–료타르 담론의 특성

쟝 프랑소와 료타르의 담론체계는 모던과 자본주의 질서의 대안적인 의미를 지니고 있다. 이는 모더니티의 가장 큰 폐해인 소외극복과 소통의지를 실현하는 것이라고 할 수 있다. 료타르의 철학은 차이를 인정하는 철학이며 해방의 철학이라고 불리고 있다. 이것은 모더니티의 깊은 구조로는 설명할 수 없는 가치체계나 요소들을 중시하는 사유체계이다. 즉, 억압되고 소외된 것과 가장자리의 것 등, 이런 억압된 타자를 인정함으로써 다양성의 세계를 추구하고 있다.[15] 이것은 하나의 이성, 주체, 체계, 규칙, 윤리, 생활 형태나 사유양식, 역사, 체계, 구조 등을 거부하고 다양성을 존중한다. 이러한 태도가 표현양상에서는 절충, 혼합, 재생산, 표절, 인용, 몽타주 등의 형태로 표현되는 경향이 있다. 료타르는 포스트모더니즘을 '모더니즘의 반대'로 정의하면서 료타르는 포스트모던anti-Modernity이라고 주장한다. 이는 모더니즘의 거대한 신화에 대하여 근본적으로 불신하고 회의하는 것으로부터 시작하고 있다. 소쉬르 등이 연구한 인류의 공통된 근본구조를 연구하는 것은 깊은 구조를 근본적으로 비판하여 파괴시키고 새로운 형식을 가져오는 것에 의의가 있다.

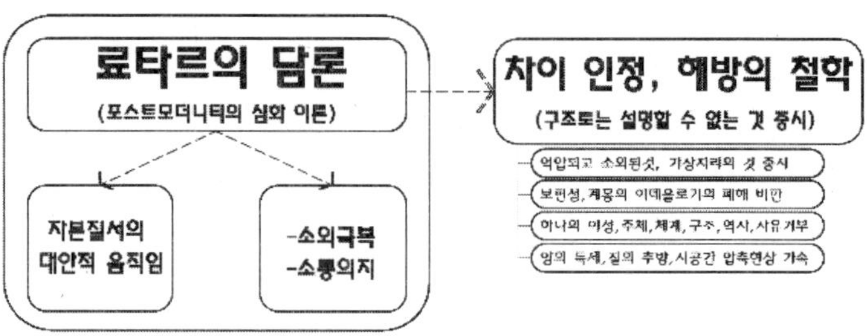

32

15) 하버마스가 강조하는 보편성은 보편화되지 않는–여성, 제3 세계, 유색인종, 동성애자 등의–잔여를 배제하고 소외시키고 억압하는 데 이용되어 왔던 것이 사실이다. 이러한 문맥에서 포스트모던 사회이론의 대표자격인 료타르는 억압과 조종을 극복하기 위해 차이를 보존하는 것이 중요하다고 역설한다. 하버마스와는 달리 그는 이질성을 존중하는 윤리학을 모색하고 있다.

32. 료타르 담론의 특성

-재현양식과의 관계[16)]

1950년대에서 60년대의 미국의 문학 대중문화의 이론적 뒷받침을 해준 것은 반 엘리트Anti-Elite적인 움직임으로, 20세기 전반의 모든 기법과 혁신의 사용으로 소재의 빈곤, 주제의 결핍, 기법과 기교의 빈곤을 탈출하기 위해 해체적 표현경향을 보이기 시작했다. 이러한 움직임들은 모던과 포스트모던의 이분적인 구분방식과 사고방식을 가져오게 하였으며, 모던 vs. 포스트모던에서 형식 / 반형식 / 무정부적 / 방관 / 참여 / 해체 / 중심의 경향을 나타냈다.

1980년대 미국 미술의 전성기의 포스트모더니즘의 경향은 첫째, 상업적 보수주의 포스트모더니즘이 있었으며, 이것은 정신분열적 산만함, 애매한 상징성, 재현, 현상, 색채를 강조한 반 모던anti-Modernism의 경향을 대변하고 있었다. 둘째, 비판적 저항적 포스트모더니즘의 성격을 보여주고 있는데, 이것은 아방가르드의 진통, 개념미술의 계층, 정치적 혹은 비판적 저항주의를 보여준다. 90년대 중반에 나타난 문화적인 공황상태에서는 이국정서exoticism, 유토피아Utopia 스타일이 유행했다. 건축계의 해체주의와 세기말적 분열의 표현 등은 이 시기와 발맞추어 나온 결과였다. 이렇듯 포스트모더니즘 경향과 이후 후기 구조주의 담론 등에서 나타난 재현양식은 모더니즘의 형식성을 파괴하여 새로운 것을 만들기 위한 새로운 에너지와 동인動因이 되었고, 다양한 것들을 서로 섞고 경계를 해체하여 기존의 것과는 약간씩 다르나 새로운 것을 만들 수 있는 긍정적인 방법론이 되었다.

90년대 중반 이후, 활발하게 조형예술분야에서 응용되고 있는 들뢰즈 사고체계는 서로 상관관계가 없는 듯한 다양한 층위의 학문분야와 사유체계들이 유목민과 같이 넘나들면서 새로운 체계를 만들어내는 사유이다. 이러한 체계는 이전에는 볼 수 없었던 완전히 새로운 구조를 만드는 것이 아니라 비슷한 유전자를 가지되 이것도 저것도 아닌 변종의 것을 만드는 의미를 지니고 있다. 즉, 새로운 별종이 생기는 것이 아니라, 진화하는 것을 의미하는 것

16) 같은 책, p47

으로 생각하기도 한다. 이러한 점에서 도시지리학자들은 후기 구조주의의 사유체계가 어떠한 점에서 모더니티가 지니지 못한 것들을 보완하면서 완성을 향해 더욱 진보해나가고 있다고 생각하고 있다.

– 하버마스 담론의 진보주의와 보수주의

① 진보주의(깊은 구조체계와 진화 중시)

하버마스와 료타르의 담론이 여전히 논의되지만 혼란스러움은 여전하다. 그렇게 되는 이유는 각 담론을 바라보는 상반된 시각이 존재하기 때문이다. 같은 주장 속에서도 그것을 바라보는 시각이 전혀 다르다. 한쪽은 진보적인 시각(긍정적), 다른 한쪽은 보수주의적인 시각(부정적)으로 바라보는 경향이 있다. 하버마스의 진보주의의 시각은 깊은 구조체계를 중시하는 세력이다. 이러한 양태는 깊은 구조의 법칙을 중시하면서 새로운 진보의 세계를 추구하는 경향으로 나타난다. 즉, 이성과 과학, 계몽주의를 긍정적으로 신뢰하여 계속해서 진화하는 방향을 추구하는 세력이다.

보편성과 계몽성은 과학과 이성의 산물인 자본축적 체계의 진화와도 밀접한 관련을 맺고 있다. 이렇게 진화의 의미는 자본축적 체계가 더욱 효율성을 더해가며 진화해나간다는 측면이 있다. 진화해 나갈 때 인본주의적인 측면에서는 노동자를 위한 구조로 충분히 진화해 나갈 수 있다는 믿음을 가지고 있다. 포디즘에서 포스트포디즘의 유연적 생산체계로 진화한 것은 통제의 강화가 아니라 직접적 감시와 통제가 완화된 것으로 생각하면서 긍정적 측면으로 바라보는 세력과 움직임이 되고 있다.[17)]

② 보수주의(엘리트, 부르주아 모더니티)

하버마스와 같은 보수주의적인 시각으로 볼 때 진보라고 불리는 변화상황은 사실 진정한 의미의 진보가 아니라 보수적 자본 기득권의 이데올로기를

17) 같은책, p47

옹호하기 위한 부르주아 모더니티이다. 보편성의 이유를 들어 계몽적인 이데올로기를 통해 다양성과 다양한 정치적 목소리를 거부하고 통제의 근거로 사용하고 있다는 뜻이 된다. 이것은 포괄하고 통제(계몽)를 수행하여 수준이 향상되는 것이 아니라, 하향평준화될 수 있다고 경고하고 있다. 제국주의의 테러나 인류에게 막대한 고통을 안겨주었던 양차세계대전, 하향 평준화의 삶을 강요한 공산주의의 체계가 그러한 예로 들 수 있다고 주장하고 있다.

-료타르 담론의 진보주의와 보수주의

료타르는 포스트모던이라는 개념을 처음으로 그리고 노골적으로 표방했다. 모든 것을 하나로 설명하는 본질론, 헤겔류의 형이상학을 거대 담론으로 규정하며 거부하였다. 그는 모던에 대해서 노골적으로 반대하는 입장이었으므로 그것의 핵심에 해당되는 이론에 대해서 적극적인 공격성을 보이면서 반론을 펼쳤다. 자연스럽게 그는 합리적 이성에 의해 나타나는 보편성에 기초한 개념을 폐기해야 한다고 주장한다.

다시 말해, 그는 현대와 같은 후기 산업사회, 정보사회에서 주체와 이성이 완전히 폐기되어야 한다고 주장한 것이다. 모더니즘에 대한 반대적 입장에 있었던 료타르에게 '전체'라는 개념은 믿을 만한 것이 아니었다. 그에게는 차이가 중요했다. 헤겔이래로 이성의 힘에 대한 신화적인 믿음 속에서는 늘 거대 담론이 포함되어 있음을 제기했다. 2강에서 말했던 바와 같이 '모더니즘이라는 거대 신화와 같은 담론체계'인 모더니즘에는 인간의 자리가 없다. 유토피아와 이상향만 있는 것이다. 인간적인 것이 끼어들어갈 여지가 없다. 기술의 눈부신 진보 앞에 인간적인 가치는 무시되다시피한 것이다. 거대한 진보의 소용돌이 앞에 이러한 가치들은 힘을 잃었다. 따라서 인간의 위치에서 써내려가는 역사가 아닌 신의 이야기를 써내려가는 것과 같은 것이라고 했다. 따라서 모더니즘은 신의 이야기를 써내려간 신화와 같은 의미를 지니며 그만큼의 폐해적인 성향을 지니고 있는 것이라고 했다. 거대담론은 계몽,

자유, 해방 등등 인간 전체를 대상으로 하는 거대 이념의 메시지였다. 또한 다원성은 생산의 긍정적인 계기가 되었다.

–주체의 철학의 위기

위와 같이 료타르가 모던의 핵심인 소쉬르를 공격하면서 서구철학의 근간을 이루어오던 여러 가지 철학적 기초가 흔들리는 듯 했다.
첫째, 프로이트의 무의식으로 주체의 동일성이 큰 타격을 입게 되었다.
둘째, 비트겐슈타인-언어게임으로 주체가 주인이라는 지위를 상실하게 되었다.
셋째, 구조주의자들에 의해 주관, 객관의 분리가 힘을 발휘하는 자연과학에서도 주체가 거부되는 결과를 가져왔다.
료타르의 사유체계와 행동을 같이 하여 나타나는 다양한 건축 및 예술적 흐름이 있는데 그 특징은 다음과 같다.

① 진보주의(파격, 새로운 생성의 에너지-예술, 문화)

료타르의 담론이 주장하는 진보주의적 시각은 자본의 대안적 움직임으로 나타났다. 즉, 자본의 논리로 생겨나는 폐해에 대한 대안적인 의미의 움직임을 보이고 있다는 뜻이다. 따라서 예술분야에서는 자본의 폐해에 대한 조롱과 멸시, 패러디의 예술성향을 드러낸다. 또 다른 세력은 아예 아나키즘적인 성격의 이상향을 꿈꾸는 듯한 세력으로 자본의 논리 자체를 거부하기도 한다. 히피적인 문화 등이 자본의 폐해에 대한 거부 혹은 대안적인 움직임이었다고 할 수 있다.

긍정적으로 보면, 이러한 움직임은 재현적인 측면에서의 역동적 에너지와 새로움을 추구하는 방법론의 담론이 되기도 하다. 이러한 세력은 끊임없는 새로움을 추구하기 위해 기존의 경계를 해체하여 크로스오버하고 재구성하거나 파편화하여 재조합하는 방법론을 사용한다. 후기 구조주의 철학자와 이에 영향을 받은 예술가들은 이러한 새로움, 즉, 구조주의의 법칙성과 형식성으로는 취하기 힘든 다양한 방법론과 표현을 하고 있다.

② 보수주의(자본논리와 영합-상업화 옹호)

한편으로, 이러한 담론체계는 오히려 극도의 보수주의와 자본주의를 옹호하는 논리로 취급되어 비판을 받기도 한다. 즉, 매우 보수적인 자본의 논리에 영합하는 세력과 행위가 있다는 뜻이다. 대중취향의 다양성을 매개로 하여 예술자체를 노골적으로 상품화와 상업화하는 사례가 그것이다. 양을 중요시하여 소량 다품종이 생산되면서 질이 저하되고 깊이가 상실되며 이미지만 난무하는 폐해가 생기기도 한다. 예술 자체도 대량생산 체계와 저급 대중취향의 수준으로 격하되기도 한다. 팝아트가 꼭 그렇다는 의미는 아니지만 예술의 지위가 대중의 통속적인 것까지도 포함하고 있다고 이야기하고 있는 것이다. 즉, 대중에게 다가간다는 미명하에 상품화에 모든 가치를 두는 수단으로 전락하기도 하다.[18)]

포스트모더니즘은 좋은 감각을 비난하고 기초로 돌아가자는 복고풍의 움직임을 보인다. 포스트모던은 반anti-모더니스트의 보수주의인 경우도 보인다. 세속적인 포스트모더니즘(레게, 웨스턴 카우보이 스타일, 맥도날드, 토쿄의 파리 향수, 국적과 별개로 생산된 상표를 붙인 상품이 등장 등)과 같은 초기 포스트모더니즘의 양태는 현대의 자유시장주의에서 오히려 획일화된 문화적 경향을 보여주기도 한다. 이에 따라 예술과 키치에 대해 서로 혼동하는 경우가 많은데 포스트모던적 특성이 가지고 있는 것은 필요하기만 하면 어떠한 것으로든 맛을 낸다는 자세이다. 이것은 아우라aura-전통성, 아카데미 등은 관계없이 무조건 맛만 있으면 된다는 식의 자세일 가능성이 높다.

18) 같은책, p48인용

소비사회에서 사람들은 다른 사람들이 아니라 사물들 또는 기호들에 둘러 싸여 있고 상품의 사용 가치가 아니라 기호 가치를 소비하게 된다. 사용 가치는 특정한 필요를 충족하는 수단이지만, 기호 가치는 지위나 심리의 차이를 표시하는 수단이다.

소비사회에서의 욕망은 특정 사물에 대한 욕망이라기보다는 차이에 대한 욕망이 주를 이루게 된다. 소비사회에서 사람들은 사물의 사용가치를 소비하지는 않는다. 이상적 집단에 소속감을 나타내기 위해서든, 다른 집단과 자기 집단을 구분하기 위해서든, 자기를 남과 구별짓는 기호로서 사물을 소비하게 된다. 그런 의미에서 소비사회에서 중산층 이상의 구매력을 갖춘 계층의 사람들은 계층에 어울리는 기호들의 보호를 받으며 살고 있다고 볼 수 있다. 그러한 기호들이 없으면 스스로를 못견디거나 남이 비하하는 시선에 부담스러워 진다. 그러한 상품의 기호를 지니고 있어야 안심을 하게 된다. 명품을 몸에 걸쳤을 때만 집단의 압력과 고문에서 해방되기 때문이다. 그만큼 현대 자본사회에서는 대중문화를 통해 저항이 자본의 틀로부터 자유로워질 수 없다면 어느새 시장에서 상품으로 둔갑하여 자본의 이윤 추구에 봉사하는 도구로 전락할 가능성이 크다.

–담론의 혼란적 부분 분석

위에서 살펴본 바와 같이, 하버마스의 담론체계와 료타르의 담론체계가 서로 상반되는 의견을 담고 있는 가운데 각 담론을 바라보는 시각이나 나타나는 양태 역시 진보주의와 보수주의의 세력과 움직임으로 나타난다. 이것은 사실, 모더니티와 포스트모더니티의 기술적 발전과 사회적 현상은 중립적인 역할을 취하고 있으나 그것을 이용하여 권력을 획득하거나 이익을 얻기 위한 기득권세력과 그것에 저항하는 세력 간의 보이지 않는 균형관계라고 보면 가장 이상적이다.

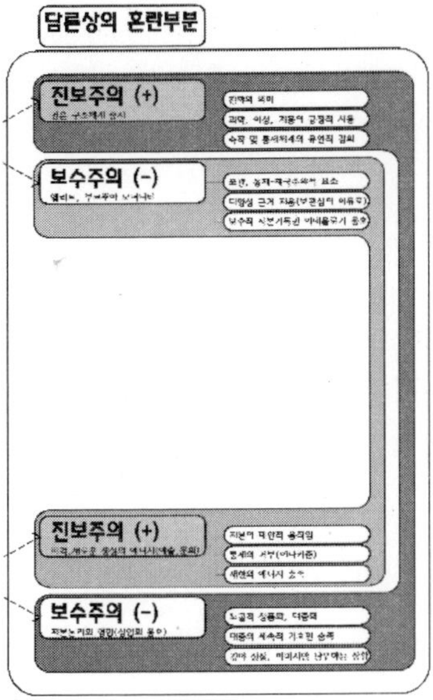

이러한 체계로 나눠진 상태에서 각각 담론의 진보주의(긍정적)를 (+)로 보수주의(부정적)를 (-)로 하면 각각의 (+)와 (-)는 친화력을 가지면서 상호보충 및 보완되고 있다. 이 현상은 각각의 폐해가 되는 부분이 상호 긍정적인 부분과 상쇄가 되어 평형의 상태가 된다는 의미이다. 이러한 상황으로 미루어본다면 모더니티는 자체의 모순을 극복하고 거시적인 시각으로 보았을 때 모더니티의 큰 틀 속에서 진보를 계속해 나간다는 것이 힘을 얻게 된다. 또한 위의 그림에서와 같이 상위로부터 번호를 부여하여 1번부터 4번이 되고, 각각의 나타나는 특성을 1-1, 1-2, 1-3의 순으로 부여하면 예술과 철학, 특히 건축물의 각론적 시설에 있어서 어떠한 성향이 강한 건축인지를 판단할 수 있는 기준이 될 것이다.

이와 같이 하버마스와 료타르의 논쟁에 대해서 살펴보았다. 이들의 논쟁은 많은 시간이 흐른 현재에도 여전히 유효하게 논의되고 있는 부분이고 여전히 결론이 나지 않은 상황이다. 학자들마다 조금씩 다른 의견을 내놓고 있는 것이 사실이다. 이 논의에 대해서 정확하게 이해하는 것은 현대성에 대한 이해에 한걸음 더 다가갈 수 있는 것이다.[19)]

지금까지 포스트모던과 관련되는 다양한 사유를 살펴보았다. 포스트모던과 관련하여 한국 정신계에서 많은 혼란이 있었던 점에는 '포스트'라는 접두어

33. 혼란부분의 분석

19) 같은책, p50인용

에 대한 해석의 다양함과 모던의 거대담론의 구조의 언어게임에 대한 다양한 시각 및 다양한 움직임이 있었다는 점이었다. 진보와 보수세력 간에 포스트모던을 바라보고 이용하고자 하는 방향성 역시 상반된 흐름이 존재했다. 그러나 료타르와 하버마스의 논쟁 속에서 포스트모던도 결국 모더니티의 광대한 언어게임의 한 부분으로 생각되기도 하고 있다.

포스트모던 사회는 모더니즘에 대한 논쟁을 통해 결과적으로 기호학적 언어의 풍부함을 가져왔다. 그러나 그러한 어휘의 풍부함은 대부분 생산과 소비 주기를 안정적이거나 빠르게 하기 위한 수단으로 전락하여 자본적 속성을 대변하는 경향이 강하며 대중적 취향의 어휘를 사용하나 그것은 대중의 복지차원의 것이 아닌 소비를 위한 기호적 측면의 것이 대부분이다. 포스트모던시대의 기호는 이렇게 소비를 위한 다양성과 새로움에 도움을 주거나 계급관계의 욕망이 공간에 투사되어 유연하고 느리지만 효과적인 통제와 관리수단으로 진화하여 공간적 불평등을 야기하는 형태로 발전하게 되었다.

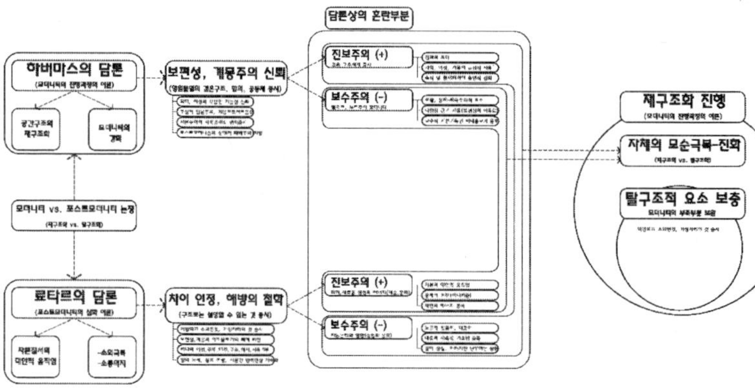

34

34. 재구조화 담론의 진행과정

PART 2

포스트모던 건축의 기호적 표현특성과 대중문화

포스트모더니즘의 건축적 특성

4010 기호로서의 포스트모더니즘

모더니즘은 명확한 선후관계를 따질 수는 없으나 모더니티의 사회적 특성과 함께 재현적 특성이 결합되어 나타나는 양상임을 언급했다. 그것은 하나의 거대한 언어게임과 같다. 그것은 언어적 규칙과 같은 통제(관리)의 시스템이 완성된 것으로 볼 수 있다. 거대한 포드 자동차 공장 내에서 인간은 정해진 규칙과 시간에 따라서 움직여야 하는 존재가 되고 만다. 효율성과 빠른 속도의 생산을 위해 정해지는 규칙은 언어체계라는 사회적 규칙으로 달리 표현할 수 있다.

포디즘의 거대한 콘베이어로 대표되는 하나의 거대한 언어체계와 같은 통제 및 생산시스템은 결국 언어체계와 같은 사회적 약속과 구조가 공간적으로 투사되어 모더니티의 상징적 체계가 물리적으로 완성된 것이었다.

건축적 은유는 모든 영역에서 시스템적으로 욕망이 투사되어 구축된다. 시스템은 단일한 목소리를 내는 경향이 있다. 현대건축에서 '주택은 살기위한 기계이다', '형태는 기능을 따른다' 라는 문장으로 대표되는 국제주의 5원칙의 모더니티적 특성이 적용된 건축적 특성은 현대건축의 근본적인 깊은 구조가 되어 공간에 투사되어 끊임없이 재생산되었다.

그러나 앞서 3권에서 언급한 바와 같이, 또 롤랑 바르트가 공격한 바와 같이 OX의 경우, 사물로서의 소와 이미지, 개념 등을 모두 가리킬 수 있다는 것과 자체로는 의미가 상상의 체계에 의해 나타난 생산물인가에 대한 의문이 생기게 됨을 이야기 했다. 건축에서는 국제주의 건축의 5원칙과 같이 자연스럽게 공간을 만들어 나가는 기본적인 구조적요소에 의문을 제기하고 어휘로서의 더 많은 가능성에 주목하게 되었다.

이후 포스트모던 건축으로 기호적인 상징과 사회적으로 오랜 기간 관습적으로 교육받았던 '기억'이라는 측면에서 나타나는 것과 표현적 측면에 주목하여 기존 모던체계의 기호적 특성의 취약성을 실험하거나 대중적 기억에 호소하는 건축적 특성을 보이게 되었다. 포스트모더니즘의 접두어 '포스트'는 '탈脫' 이냐 '연속' 혹은 '후기'이냐라는 논쟁이 있으나 결국 언어체계에서 보지 못했거나 사유하지 못했던 부분의 영역을 풍부하게 했다는 점에서 보완 발전의 의미가 있다고 볼 수도 있다.

4011 대중문화로서의 포스트모더니즘

모던이란 서구의 현대를 주도해 온 사상적 흐름인 계몽주의적 전통 또는 이성 중심주의적 태도를 가리킨다. 서구에서 계몽주의는 이성의 빛으로 암흑을 추방함으로써 인간의 성숙과 해방을 가져오려는 시도이다. 포스트모더니즘은 이런 계몽주의적 이성 중심주의를 전면적으로 거부하고, 이성의 이름으로 자명하게 여겨졌던 기존의 모든 지식체계를 뿌리에서부터 뒤흔들어 전혀 새로운 시각에서 인간과 역사를 재구성하는 것을 목표로 하고 있다. 포스트모더니즘은 전복의 철학으로서 급진적인 반 이성주의라고 정의되곤 한다. 포스트모더니즘은 모던이 기초로 삼는 인간 주체, 이성, 역사의 진보 등은 모두 권력의 억압을 합리화 하는 신화에 불과하다고 보고 있다. 따라서 포스트모더니즘으로 통칭되는 입장들은 다양한 사상가들에게 나타나는 일종의 경향이라고 몇 마디로 정리하긴 어렵다. 하지만 역사와 관련하여 이 입장이 보여 주는 태도를 집약하면, 인간은 역사 위에 서있거나 시대를 뛰어넘어 역사를 주도할 수는 없으며 인간이 역사 안에 있는 한, 역사는 관조의 영역이 아니라 실천의 영역이므로 역사를 완전하게 파악할 수도 없다고 한다.

대중문화를 보급하는 대중미디어는 대중의 문화향유, 사회갈등의 조절, 민주적 정치질서의 유지, 지식수준의 격차 해소 등 순기능의 측면과 대중 취미의 획일화, 사회갈등의 악화, 대중의 탈정치화, 일탈 행동의 조장 등 역기능의 측면을 함께 가지고 있다.

대중문화와 밀접한 관계를 맺고 있는 문화산업은 20세기 중반 자본주의의 식민지 지배가 한계에 부딪치자 문화를 상품화함으로써 새로운 시장을 개척하고자 하는 의도에서 출현했다. 현대 소비사회에서 대중문화를 통해 충족하는 욕망은 사용가치가 아니라 기호가치에 대한 욕망이다. 앞서 언급한 대로 각 계층에게 기호 가치란 지위와 심리의 차이를 표시하는 수단이 되기 때문이다. 대중문화는 기호로 이러한 욕망을 채워주지만 기호가 실제로 존재하는 것이 아니라 일종의 허상이기 때문에 대중의 욕망은 근본적으로 충족되기가 불가능하다. 현실의 채워지지 못한 욕망을 잠시 채워주거나 힘든 부분을 잠시 잊게 해주는 역할을 하게 되기 때문이다. 근본적으로 욕망 자체는 기억력이 없다. 채워주어도 그 때만 잠시 충족되는 모습만 보일 뿐 다시 금새 잊어버리고 또 다시 욕망하게 된다. 기호는 새롭게 계속해서 변덕스러운 욕망을 충족시키기 위해 리뉴얼 된다.

4012 포스트모던 시대의 건축적 경향

지금까지 포스트모던과 관련된 다양한 논의와 철학자들의 사유체계에 이어, 건축과 직접적으로 관련하여 논의되는 사고에 대해서 살펴보면서, 건축에서 포스트모던 현상과 관련하여 논의되고 있거나 화두에 오르고 있는 상황에 대한 키워드들은 다음과 같다.

- 리얼, 하이퍼리얼, 초현실주의적 세계
- 이미지가 난무하는 세계

– 디즈니 월드화 된 세계
– 팝아트적인 건축(아키그램)
– 히피문화, 낭만적 분위기의 내용
– 지역성이 상실된 세계-휴양도시의 실체
– 일상세계의 식민화 현상
화두로 제시될 수 있을 것이다.

건축에서 현재와 과거의 결합을 통해 대중과 소통하려는 시도는 로버트 벤츄리로부터 시작되었다. 그들이 사용하는 용어들은 이중 코딩double coding의 의미를 가지고 있다. 역사적으로 유명한 과거와 그 과거의 상징주의의 장식과 같은 양식으로 회귀를 주장하여, 패러디와 같은 아이러니한 방식, 패스타쉬pastiche 와 인용하는 것들이 즐겨 사용되었다. 그는 작품과 이론에 있어서 두 가지 모두가 능한 사람이었다. 그는 건축계의 명저인 『건축의 복합성과 대립성』, 『라스베거스의 교훈』 등으로 유명해졌다.
1960년대 중반 그의 저서 『건축의 복합성과 대립성』이 출판되던 시기에 모더니즘 계열의 지루한 복제된 건물양식에 싫증을 느끼고 있던 건축비평가들과 대중들에게 벤츄리의 주장은 매우 신선한 제안이었다. 당시에는 모더니즘의 세력이 주도권을 장악하고 있었기 때문에 감히 그러한 주도적인 세력에 쓴 소리를 할 수 있는 상황이 아니었다. 교리적으로 강력하게 사회를 이끌던 국제주의 양식의 건축문화가 지배하여 기득권을 형성하고 있었던 상황이었기 때문에 감히 반론을 펼칠 수 없는 분위기였다. 젊은 신인 건축가들은 그들의 교리를 그대로 받아들여 전파해야하는 사도와 같은 입장이었다. 모던과 국제주의 양식은 이와 같이 교리적 성격을 지니고 있었기에 역설적으로 다양성을 가질 수 없었다. 그렇게 된 이유에는 한편, 세계대전 이후 파괴된 많은 주택들을 빠른 시간에 위생적으로 대량생산을 하기 위한 모럴이기도 했기 때문이다. 시간이 흐르면서 모더니티의 교리는 평범한 것으로 전락하고 말았다.

자본주의 하에서 생산과 소비의 순환주기에 직면해 있는 상황이라면 건축이나 패션이나 기타 모든 조형 및 예술분야가 이러한 역설로부터 자유로울 수는 없다. 건축도 일종의 표현이면서 동시에 산업이기 때문이다. 또한 양과 숫자라는 측면도 무시할 수 없다. 소수의 독특한 디자인은 주목받을 수 있으나 그것이 대다수가 되었을 때에는 오히려 진부해질 수 있기 때문이다.
리트벨트Gerrit Rietveld가 설계한 슈뢰더 주택Schröder House을 보면 기존의 주거군에서 명백하게 구별되는 형태에 쉽게 시선을 사로잡히게 됨을 경험하게 된다.

그만 그만한 천편일률적인 현지 벽돌치장 주택군들 가운데 마치 외계에서 내려와 삽입된 듯한 새로운 개념의 주택이 있다면 대조적으로 주목을 받고 신선할 것이다. 당연히 이 주택은 그 지역에서 새로운 시대를 예견하고 이끌어가는 주택의 본보기가 될 수 있었을 것이다. 그만큼 새롭고 편리한 무언가가 등장하면 그것이 하나의 산업적 모티브가 될 수 있다. 이후 건설산업

35. 리트벨트, 슈뢰더 하우스

은 새로운 시대를 맞이하여 대규모 작업에 들어가게 되었다. 물론 이들의 교리는 빠르고 손쉽고 대량, 대규모로 건축할 수 있는 모더니즘적인 방식으로 진행되었다. 새로운 도시는 어느덧 대부분의 건물이 장식이 없이 밋밋하고 기능이 위주가 되는 건물로 채워져 삭막한 풍경으로 변해버렸다. 이제는 모던한 건물들 가운데 오히려 예전 건축양식과 전통방식의 재료로 지은 것이 더 '튀어' 보이고 상업적으로 더 많은 사람들에게 주목받게 되어 이익을 늘릴 수 있게 되는 역설적인 상황이 벌어졌다. 사람들에게 주목받고 상업적으로도 사람이 몰리니 업주나 임대주는 더 많은 돈을 벌게 된다. 아마도 대부분의 건축주들은 자신이 건물을 포스트모던 풍으로 리모델링하려고 할 것이다. 이런 현상은 패션도 마찬가지이고, 마케팅 분야도 마찬가지이다. 어느 정도 발전하여 우세하게 사용되고 혹은 널리 퍼져서 동일하게 되면 사람들은 다음 사업에 활력을 줄 수 있도록 차별화되는 새로운 무언가를 찾게 마련이다. 더 많은 소비를 가능하게 할 수 있도록 순환주기를 빠르게 할 수 있는 새로운 무언가(주위의 평범한 것과 차별되는 새로운 어휘와 공간)가 필요하게 된다. 경제 분야에서는 이러한 흐름을 성공적으로 수행하는 세력주체를 시장개척자라고 볼 수 있다. 사업을 통해 판매하고 소비시킬 수 있어야 하니 말이다. 자본의 체제 하에서는 이러한 점들이 결국 거의 절대적으로 중요한 요소이다. 건축역시 산업의 한 분야로 '얼마나 많은 사람들이 사용하고 있느냐' 혹은 '가지고 있느냐'는 수와 양의 논리에 많은 영향을 받기 때문이다.

벤츄리 이전 국제주의 양식이 주도하던 시기에는 알토와 칸(전자는 본능적인 충동에 의한 작업을 하고 있었으며, 후자는 역사의 컨텍스트의 건축 교리적인 매커니즘을 사용했던 것으로 설명가능하다)같은 건축가들은 일상적이고, 규범이 되고, 에너지를 잃어버린 건축의 상황을 바꾸려고 노력했다. 이전에 살펴본 바와 같이 알토는 4대 거장과 함께 5대 거장에 포함시킬 정도로 모더니즘 건축에 충실한 건축가였지만 한편으로 지역성을 충실히 반영하는 건축을 접목시킴으로써 독특한 지위positioning를 점유하고 있는 건축가이다. 2권에서 칸에 대해서 살펴본 바와 같이 칸은 부르탈리즘으로 분류되기도 할 정도로 정직한 재료와 구조적 표현과 함께 시적 감수성의 표현 및 공간사상으로 현상학적 개념의 공간을 구현했다. 칸의 작업은 모더니즘과 포스트모더니즘의 교량적인 역할을 수행했다고 평가받고 있다. 그만큼 그의 건축에는 항상 인류가 경험했던 심원의 깊은 옛 건축의 이미지 및 정서가 녹아들어가 있다. 자연스럽게 그가 사용하는 재료와 구성은 모더니즘의 그것과는 사뭇 다른 느낌이다.

36

37

로버트 벤츄리가 그러한 주장과 운동 그리고 실무로서 그의 생각을 완벽하게 반영한 건축물을 선보이게 된 계기는 무엇이었을까? 그는 젊은 시절 베니스와 라스베거스를 여행하면서 중요한 깨달음을 얻게 된다. 베니스의 화려한 장식을 갖춘 외관 역시 사실은 거대한 간판을 지니고 후면에는 철저한 기능과 싼 재료와 공법으로 지어진 장식된 헛간decorated shed과 다를 바가 없다는 사실을 이해한다. 라스베거스는 더욱 그러한 이미지들로 넘쳐난다. 겉으로 치장되어 있는 기호와 간판들이 색다른 공간들을 연출하며 새롭고 화려한 세계로 진입하게 만든 것 같지만, 사실은 그 화려한 사인 뒤에 있는 공간들은 극도로 경제적이고 집합적이고 폐쇄적인 건축공간구조로 되어 있음을 폭로하고 있다.

36. 라스베거스
37. 저서 라스베거스의 교훈

우리가 고속의 자동차 전용도로를 빠른 속도로 이동하면서 도중 건물에 대하여 가지게 되는 인식은 결국 건축물 자체와 공간이 아니라 사인이 가장 큰 비중을 차지하기 때문이다. 우리가 국도를 달리다가 패스트푸드점이나 주유소 등의 간판을 보고 속도를 줄여 정차해 보면 건물 자체는 군대막사와 같은 가장 기능적이고 싼 재료와 비용을 지은 구축물 위에 현란한 사인이 덧붙여져 있는 경우가 많음을 확인할 수 있다. 이것이 오늘날의 건축의 무시할 수 없는 한 양태이다. 시내의 중심가나 유흥가가 밀집해 있는 대학가 주변의 상가 그리고 시청 주변의 사무소 및 근린생활시설의 건물들은 사실 형태가 중요한 것이 아니다. 좋은 재료로 건물을 감쌀 필요도 없다. 최소한의 환기와 채광만을 위한 창을 제외하면 입면에는 각종 간판이 부착되고 옥상에는 전광판이 설치되어 입면과 상부를 계획할 여지조차 없게 구축된다. 이것이 자본사회의 단면이라고 할 수 있다.

포스트모더니즘 건축의 특성중 표현 면에 있어서는 모던 시대의 엘리트적이고 추상적인 디자인을 배격했다. 즉, 자연에서 얻은 영감과 모티브를 작가적 관점에서 재해석하여 추상적으로 표현하는 것이 모던시대의 엘리트적 자세였다고 한다면, 포스트모더니즘은 대중에게 친근한 이미지를 그대로 차용하여 보여주거나 아니면 아예 그 형태대로 짓는 것 등이 그러한 차이를 만들어내고 있다. 로버트 벤츄리는 오리duck의 예를 든다. 재현적인 측면에

38. 보스톤 시청사 건물
39. 주유소 건물과 사인

서 건축은 자연의 여러 가지 형상을 그대로 차용하거나 혹은 적절하게 추상화한다. 위의 사진의 보스톤 시청사의 경우와 같이 엘리트적인 르 꼬르뷔지에가 설계했다면 오리의 모습을 추상적으로 재해석하여 기능적으로 공간을 구획한 다음 추상적으로 장식을 배제하고 표현했을 것이다. 벤츄리는 재현적 특성보다는 기호적 상징이 적용될 수 있는 오리와 장식된 헛간의 사례에 주목했다. 라스베거스와 같은 이미지와 기능적 건축이 결합된 측면으로 대중에게 다가갈 수 있는 흥미로운 건축을 추구한 것이다.

40

40. 장식된 헛간과 오리의 개념

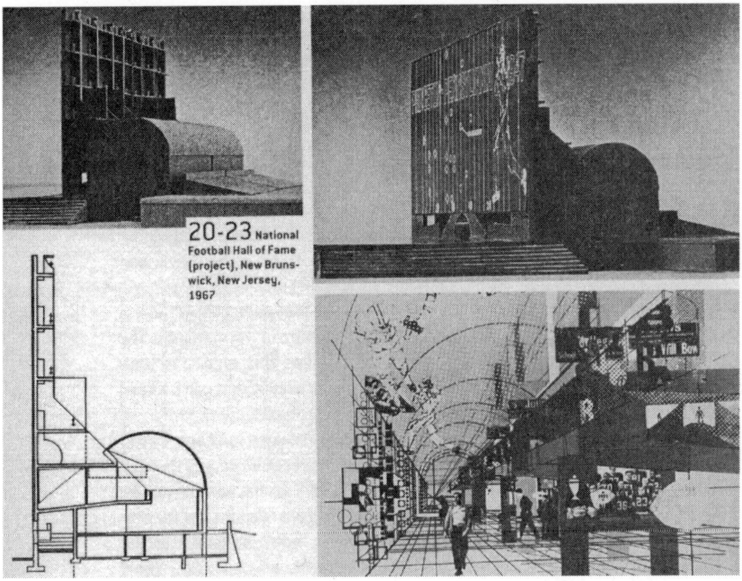

41

42

41. 벤츄리의 장신된 헛간Decorated Shed 개념
42. 장식된 헛간과 오리의 개념

-포스트모던 건축의 통속성

건축의 포스트모더니즘은 현대건축에 만연하던 대중성, 상징성을 의미하고 건축가가 어떠한 관념이나 정치적 사상을 따르는 것은 바람직하지 않고 보다 실제적인 것을 추구하는 경향을 보이고 있다. 그것은 미국적 전통과 환경에 대한 이미지를 서구전통과 결합시키려는 의도로도 볼 수 있다. 이러한 상황에 대한 문제의식은 포스트모더니즘의 시작과 이론적 바탕이 실제적으로 서구적 전통과 정통성에 열등감과 향수가 있었던 미국에서 시작되었기 때문으로 볼 수 있다. 벤츄리는 모더니즘에서 별로 관심을 기울이지 않았던 가볍고 표피적인 방식을 즐겨 사용했다. 과거의 건축과 베니스의 건축에서 교훈을 받은 내용들을 실제 현대적으로 적용했다. 이 과정에서 철저하게 미국대중이 원했던 향수적 요소들을 차용했다. 모더니즘의 전체주의적이고 이데올로기가 강했던 사회주의적 특성은 그가 배격하려 했던 가장 중요한 특성이었다.

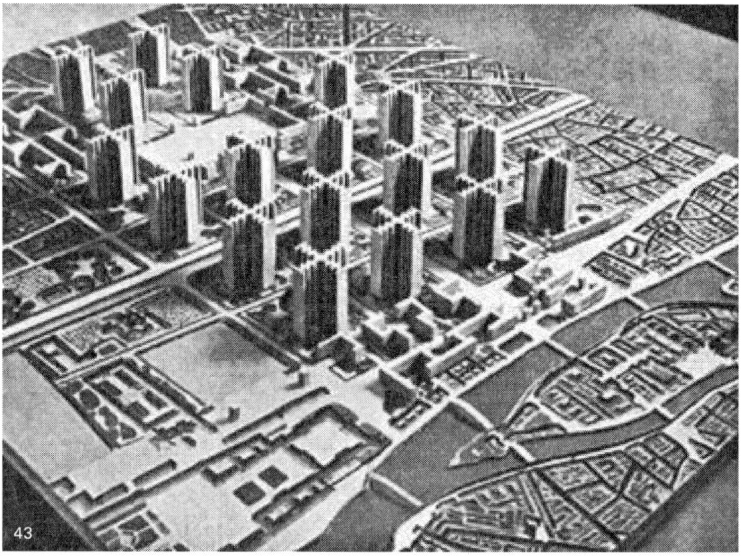
43

43. 르 꼬르뷔지에의 빛나는 도시 계획안

이제 그가 쓴 글의 핵심적 내용을 살펴보면서 그의 글에서 확인할 수 있는 다원주의 시대에 맞는 당시 새로운 주장을 주목할 필요가 있다.

건축가들은 정통파적인 모던 건축의 청교도적으로 엄격한 도덕적 언어와 더 이상 친밀해져서는 안 된다. 나는 "순수한 것pure"보다는 혼성적인 것hybrid을 좋아한다. "깨끗한 것clean"보다는 절충적인 것compromising을, "번듯한 것straighforward"보다는 왜곡된 것 distorted을, "분명한 것articulated"보다는 모호한 것ambiguous을, 일반적인 것impersonal과 동시에 외골수적인perverse, "재미있는 것"과 동시에 따분함, "디자인 된 것"보다는 전통적인 것을, 배타적인 것 보다는 수용적인 것을, 단순한 것보다는 풍부한 것을, 개선시키는 동시에 흔적이 남아있는, 직선적이고 명확한 것보다는 일관되지 않은 것을 선호한다. 나는 확실하게 통합적인 것을 초월하는 어질러진 듯한 활력적인 것을 선호한다. 나는 불합리한 추론을 포함하며 이중성이 있기를 원한다.
나는 의미의 명확함보다는 의미의 풍부함에 찬성한다. 왜냐하면 명백한 기능만큼이나 애매한 기능을 선호하기 때문이다. 나는 "이것이냐 저것이냐"의 흑백논리보다는 때때로 회색과 같은 "둘 다"가 더 좋다. 확실한 건축은 많은 의미와 집중의 조합을 불러일으킨다. 그 공간과 요소들은 즉각적으로 여러 방식으로 해석되고 작업할 수 있게 된다.
그러나 복합성과 대립성의 건축의 진정성은 전체성이나 전체성을 암시하는 것 속에 있어야 한다. 그것은 배타적인 것을 손쉽게 조합시키는 것보다는 포함시키려고 하는 어려운 조합이다. 더 많은 것은 더 적은 것이 아니다(More is not less).
"그러한 모든 문제들은 결코 해결될 수 없을 것이다··· 역시 건축가들이 풀어내고자 하는 문제들을 까다롭게 취사 선택적으로 결정하는 것이 바로 20세기의 특징이다. 가령 미스는 건물의 많은 양상들을 무시했기 때문에 역설적으로 훌륭한 건물을 만들어 낼 수 있었다. 만약 그가 더 많은 문제점들을 해결했었더라면, 그의 건물은 훨씬 더 세력을 미치지 못했을 것이다."[20]

20) Robert Venturi,Complexity and Contradiction in Architecture, MOMA, New York, 2002, p22-23

정말로 겁 없이 도전하는 당찬 신인의 모습이지 않은가? 그 당시 주도적이었고 거역할 수 없던 흐름이었던 모더니즘의 거장들을 향해 공격하는 거침없는 표현은 새로운 시대를 열어젖힌 패기 넘치는 젊은 건축가의 모습을 떠올리게 만든다.

그의 글이 그토록 인기가 있었던 것은 모던시대와 같이 엘리트적인 저자의 생각에 이데올로기적이고 강제적으로 동의하도록 만드는 자세가 아니라, 이런 것도 있지 않을까? 하는 제안과 함께 대중적인 취향의 새로운 사고방식을 수용함에 있어서 능동적으로 독자들이 깨닫고 동의할 수 있도록 만드는 힘에 있었다고 본다. 르 꼬르뷔지에의 『건축을 향하여』등의 모던시대의 저서들은 확신에 찬 어조로 새로운 시대에 맞는 새로운 어휘로 바꿀 것을 강제하는 듯한 문체로 쓰여져 있다. 칸의 몇 안 되는 저서는 현상학적인 느낌이나 극도의 주관적인 감성이 녹아들어가 있는 시학詩學과 같은 표현과 내용으로 일관되어 있다. 이들과는 달리 벤츄리의 『건축의 복합성과 대립성』은 독자들의 즉각적인 복종을 요구하지 않고 대중적 의견에 따른 요소들을 작품에 반영함으로써 행동으로 자신의 주장을 드러내는 방식을 사용했다. 그는 항상 **"배타를 통한 손쉬운 통일성"**보다는 **"포함을 통한 까다로운 통일성"**을 더 선호했다. 이상주의에 대한 벤츄리의 반응은 역동적이었고, 그는 그것을 건축과 도시사이의 관계로까지 확장시켰다. **"전통적 요소들을 여전히 다른 전통적인 요소들로 변조시키거나 덧붙이는 것을 통해, 건축가들은 컨텍스트를 뒤섞음으로써 최소의 수단을 통해 최대의 효과를 얻게 하는 것이다."** 현대 건축은 다양한 **"레이어"**와 **"여분의 외피redundant enclosure"**와 "잉여 공간residual space"에 의해 구조화되었다. 즉 **"복합건축과 숙박시설의 건축은 전체를 포기하지 않는다."** 라는 이야기는 바로 장식된 헛간과 같은 방식으로 구축된 건물에 붙어있는 사인의 현란하고 기호적인 의도와는 달리 후면의 공간에는 역시 전체주의적인 성격을 보이게 된다는 의미이다. 상업적으로 이익을 취할 수 있는 가장 기능적인 공간을 추구함으로써 여유로운 공간을 허락하지 않는 공간들이 수없이 카피되어 반복되고 있다는 것과 같은 말이라고 할 수 있다.

18세기의 계몽주의 건축가인 불레, 르두 등이 거대한 플라톤적 순수형태의 기념비적 건축물을 계획한 것을 도입한 것은 '건축은 상징적인 것'이라는 개념을 전파하며 대중에 대한 그들의 관심을 구현했던 것이다.

오늘날 심오한 건축철학과 훌륭한 건축작품으로 칭송받는 루이스 칸마저도 당시의 기득권 세력이었던 모더니즘 건축세력에 적극적으로 저항하지는 않았다. 그러나 칸은 부르탈리즘과 지역주의와 기억이라는 현상학적인 건축어휘를 사용하여 모던적인 표현에서 다른 방향의 가능성을 간접적인 방식으로 보여주었을 뿐이다. 벤츄리는 칸으로부터 많은 영향을 받았다. 벤츄리는 그의 저서 『건축의 복합성과 대립성』에서 칸의 의견을 많이 인용했다. 그래서 벤츄리는 그의 연결고리, 즉 그가 자부심을 가지고 있는 건축에 공헌하고 있는 수수께끼적인 칸의 격언(**"건축은 좋은 공간만큼이나 나쁜 공간을 가지고 있어야 한다"**)에 충실해야 한다고 생각했다.

로버트 벤츄리의 대표적인 초기 작품 두 가지는 나의 어머니의 집과 길드 하우스이다. 그는 대중들에게 친숙한 집과 박공지붕에 십자형의 창문이 있는 이미지에 충실하게 계획했지만 포스트모던의 언어게임이라는 개념에 적절하게 자신의 의도를 반영하여 변형시켰다. 박공지붕의 중심부를 상부로부터 얇은 절개부를 내놓는다거나 의도적으로 창문을 거대하게 만든다거나 하는 수법을 사용한다.

벤츄리는 그의 저서 『건축의 복합성과 대립성』에서 보여준 설계방법론을 충실히 이 계획에서 실현했다. 즉, '건축의 복합성과 대립성'을 고려하여 비록 적은 규모의 주택이지만 다양하면서 동시에 심플하고 개방적이면서도 폐쇄적이고 크면서도 작은 계획을 실현했던 것이다.

이 계획에서 그는 의도적으로 왜곡한 몇몇 요소들을 도입함으로써 복합적인 통일성을 이루어냈는데, 그것은 박공의 중앙부분에 의도적으로 긴 개구부를 낸 변형된 박공지붕 형태이다. 이 주택은 아치모양의 곡면형과 비대칭의 창, 굴뚝과 정면의 모습과 배면의 모습을 의도적으로 분리하듯 차이를 보이는 계획을 통해 각 요소들이 주의깊게 복합성과 대립성을 이루고 있다.

44

45

46

44. 나의 어머니의 집 파사드
45. 나의 어머니의 집 후면
46. 내부의 거대한 벽난로

내부 역시 외부의 대칭성을 기본적으로 반영하고 있으나 수직요소인 굴뚝과 계단이 중앙에서 서로를 휘감아 돌아가며 위치를 점유하고자 대립하고 있는 양상이다. 전면 파사드와 후면은 상당히 다르게 계획되어 있어서 마치 장식된 헛간Decorated Shed을 연상시키듯 스크린의 역할을 수행하고 있다. 스크린 뒤의 복잡한 요소들이 전면과는 차이를 보이고 있는 것이다.

또한 이 집의 요소들은 의도적으로 과장되게 계획한 요소들이 있다. 우리가 일반적으로 가지고 있는 집의 이미지라는 기표 중 특색 있는 일부 요소들을 과장하거나 의도적으로 축소하며 제거하거나 왜곡하는 경우도 있다. 전면부 좌측 창은 전체적인 집의 상징에 비해서 과도하게 크며 내부의 벽난로 역시 과도하고 선반이나 의자 등받이 역시 과도하다. 이렇게 의도적으로 크게 계획한 데에는 서구인들이 가정sweet home이라는 이미지를 생각했을 때 고정관념이 있기 때문이다. 일반적으로 서구의 어린아이들이 집을 생각하고 그리게 된다면 전통적인 박공지붕과 커다란 창문과 문과 굴뚝이 있는 집의 이미지를 그리고 내부에서는 커다란 벽난로 앞에서 즐거운 시간을 보내고 있는 가족의 이미지를 그릴 것이다. 벤츄리는 전통적인 집의 이미지를 기호화하여 복합성과 대립성의 개념하에 재배치하거나 과장시킨 방법론을 실험했던 것이다.

47

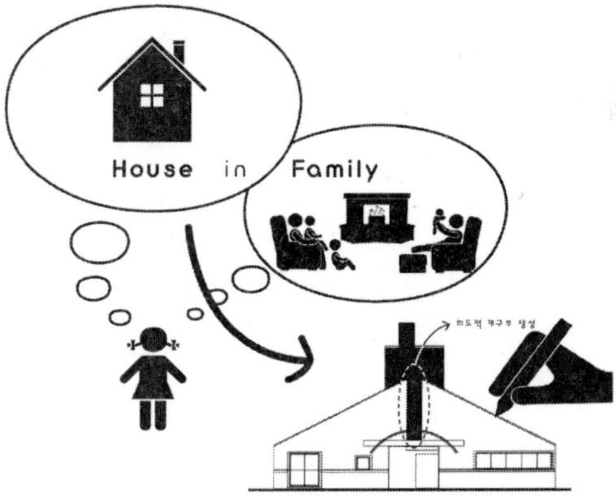

47. 로버트 벤츄리의 의도적 기호화 과정

또한 길드 하우스에서는 좌우대칭의 입면과 벽돌 등의 재료 사용 그리고 길드 하우스라는 사인 등이 있으며 특징적인 TV안테나 수신기가 오랜 시간 TV를 보며 시간을 보내는 노인들을 위한 주거의 상징적인 모습을 보여주고 있다. 당시의 노인문화를 기호화시켜 입면과 평면에 과장시켜 반영한 것이다. 어떤 면에서는 만화와 같이 혹은 팝아트의 한 장면과 같이 우스꽝스럽게 아이콘화시킨 것이기도 하다.

이렇게 대중적 취향을 그대로 인정하면서 차이와 다양성을 추구하여 기성세대의 교리적이고 엘리트적인 건축문화에 도전장을 냈던 당시 B급 감성이 충만한 벤츄리의 아방가르드적 전사의 모습은 무척이나 신선하게 느껴졌을 것이다. 그들은 새로운 시대적 요구사항과 시대적 감수성을 가지고 새로운 건축문화를 이끌어냈으며 감성적인 측면의 요소들을 적용시킴으로써 대중에게 친숙하게 다가갈 수 있는 건축을 추구함으로써 당시 건축계에 파장을 일으키고 포스트모더니즘의 효시가 되었다.

48. 길드 하우스의 입구와 사인
49. 길드 하우스의 전면 파사드
50. 길드 하우스의 만화와 같은 입면

-건축 형태의 복합성과 대립성

벤츄리의 일생동안의 주요관심은 '건축형태의 잊혀진 상징성'이며 이 화두를 바탕으로 일관적인 연구와 작품이 이루어지고 있다. 이러한 그의 건축적 사고를 대변해주는 어휘로는 복합성, 대립성, 상징성, 장식성, 대중성 등이 있다.

첫째, 복합성Complexity이란, 그의 저서에서 단순화Simplification와 반대되는 개념이면서 다의성Ambiguity과 일맥상통한다. 복합성은 건축장식과 형식에 있어서 다양한 의미를 포함시키면서 풍부하게 되는 건축적 특성이다.

둘째, 대립성Contradiction이란, 대립적인 요소들이 만들어내는 특성으로서 전통적 요소를 현대적으로 잘 해석하여 녹여낸 건축에서 보통 나타나는 긴장감이라고 할 수 있다. 전통적 요소는 단순한 모방이나 재현을 초월하여 기존의 것과 팽팽한 긴장감을 유지할 때 그래서 변증법적으로 녹여져 새로운 것으로 창조되었을 때 진정한 의미를 가지게 된다.

51

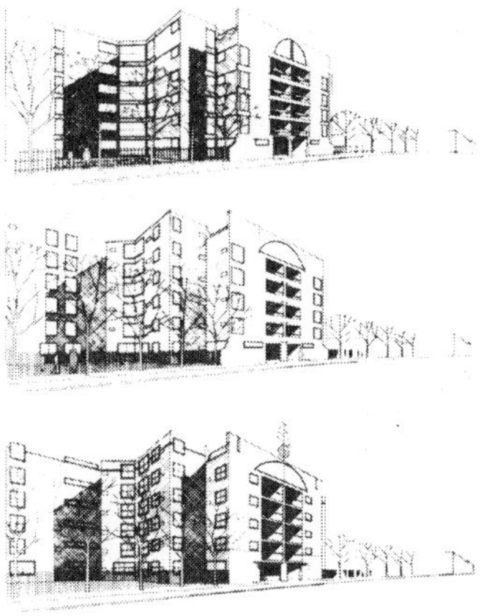
52

51. 길드 하우스 상부층 내부전경
52. 길드 하우스 가로변 이미지

기표와 기의의 결합으로 의미화가 이루어지는 과정에서 두 가지의 전혀 이질적인 요소들이 융합하여 하나의 의미화가 이루어지기 때문에 일종의 변증법적 합성을 일으키게 된다.

'벤츄리의 어머니의 집을 설명하는 건축의 복합성과 대립성에서 그는 복잡하면서도 단순하고 개방적이면서도 커다란 느낌을 준다'라고 하고 있는데 이것은 전혀 다른 듯한 요소들이 각자의 자리에 배치되기까지 대립적이고 이분법적인 요소들로 긴장된 변증법적 투쟁이 일어나고 있음을 의미하는 것이다.

53. 타임 스퀘어 프로젝트의 상징적 설계

-Oberlin 대학 Allen 기념 미술관

벤츄리의 1973년작 Oberlin대학 알렌 기념미술관Allen Memorial Art Museum 프로젝트는 1917년 카스 길버크Cass Gilbert가 설계한 엄격한 르네상스식 건축을 증축하는 것이었다. 도서관, 실험실 복원, 조각 스튜디오, 전시장, 사무실, 온도조절실 등이 증축되었다. 이 계획에서는 증축부분이 적절하게 기존 건물과 조화를 이루는 것이 중요한 과제였다. 기존의 건축과 같은 기하학적 축을 존중하여 계획된 증축부는 표현면의 복합적으로 대립하고 있는 요소들을 전체적으로 새로운 건물과 옛 건물 사이에서 변증법적으로 조화를 이루었다. 기존의 2건물 사이의 독특한 요소들을 첨가함으로써 변증법적 상호작용(매개작용)을 의도한 것이다. 그런 측면에서 벤츄리는 "명확하지 않은 방식으로 이 대작과 조화를 이루려고 노력했다."라고 언급했다.

54. 증축부 코너의 과장된 이오니아식 기둥
55. 내부에서 사선으로 잘린 면의 창문을 통해 기둥을 바라본 모습

그는 연결부를 증축시키면서 두 건물 사이의 완전한 회랑부분이 훼손되었으나 르네상스식의 느낌은 일관성을 유지했다. 연결부는 독특한 감성을 불러일으키는 핑크색 화강암을 사용했으며, 증축부의 중심에 있는 매스의 모서리를 과감하게 사선으로 삭제하고 상징적 기둥을 삽입한 건축적 제스처를 도입했는데, 이것은 포스트모더니즘의 상징적 기호를 매우 적절하게 보여주는 사례로 손색없는 것이다.

특히, 내부에서 사선으로 잘린 부분의 창문을 통해 외부의 과장되어 배치된 이오니아식의 다소 우스꽝스러운 기둥은 팝아트의 기표적 요소와 같이 우리의 머릿속을 떠다니게 만드는 힘이 있다. 그것은 이오니아식 기둥 및 주두를 단순화시키고 필요 이상으로 과장해서 기존하는 고전 건축의 엄숙함과 균형감을 깨뜨리는 역할을 하고 있다. 옛 기억 및 장식적 어휘(기표)의 의도적 변형을 통해서 전형적인 포스트모던적 기표실험과 유희를 실험하고 있다. 이 작품의 요소는 찰스 젱크스의 이탈리아 광장과 함께 포스트모던적 기표의 중첩적 배치를 통해 이탈리아계 미국인들의 향수와 기억을 자극하고 고향의 이미지를 소비할 수 있는 공간과 기표들을 만들어내는 대표적인 포스트모던 건축의 사례로 볼 수 있다.

56

57

56, 57. 알렌 기념미술관 전경

58, 60. 알렌기념미술관 전경
59. 증축부 코너의 과장된 이오니아식 기둥

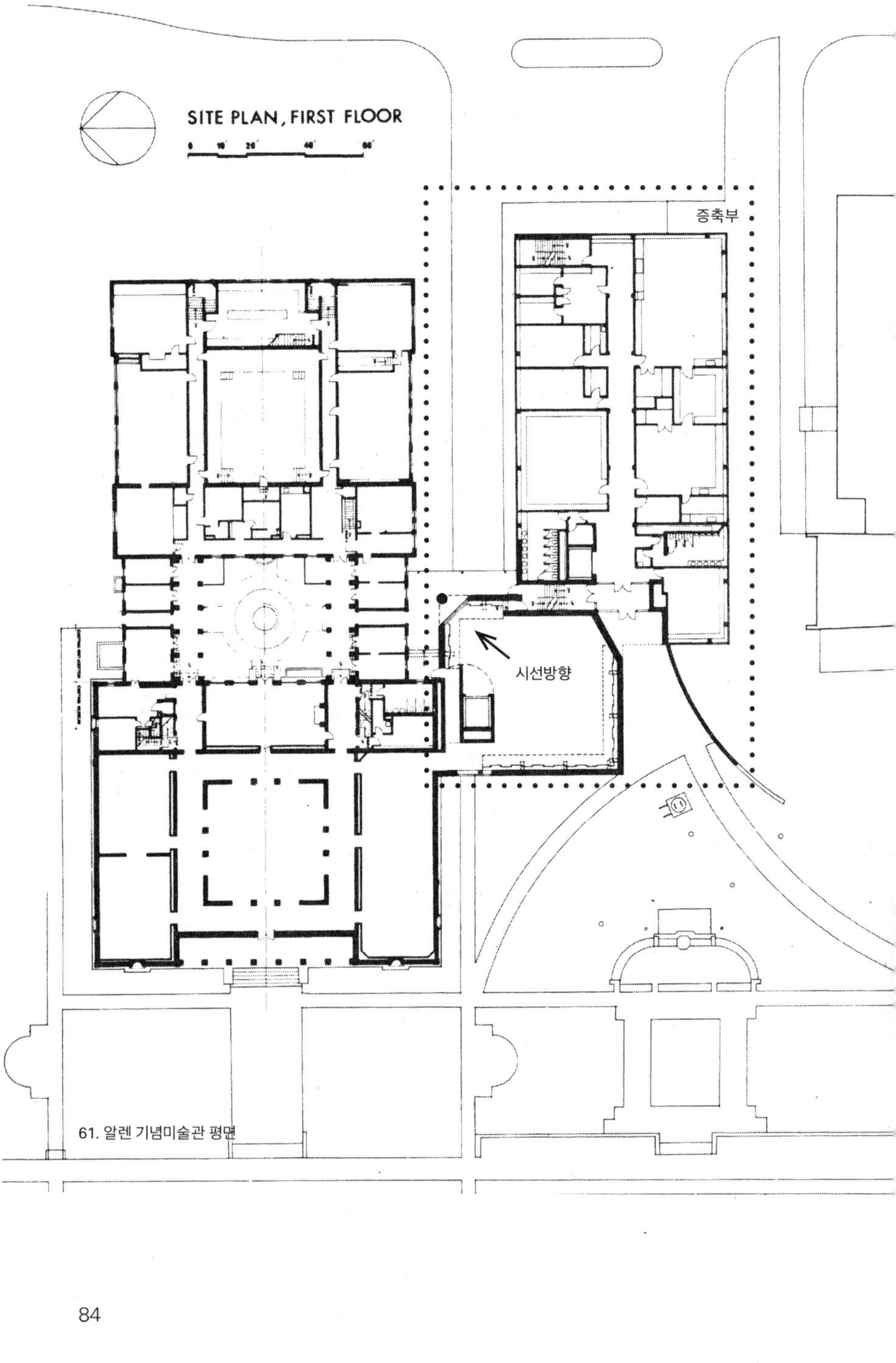

61. 알렌 기념미술관 평면

62. 알렌 기념미술관 기존 건물의 입면과 증축부 입면의 조화와 대비

–바스코 전시장

또 하나의 작품은 1971년작 브리스톨 타운쉽에 위치한 바스코 전시장인데 이 작품은 전시장이라는 거대한 박스공간을 푸른계열의 색으로 칠하고 전체적인 회사의 이미지와 회사명을 기반으로 하여 거대한 34피트의 글자를 세움으로써 포스트모던의 기표적 유희와 함께 시인성, 마케팅적 기능성을 극대화하는 방법론을 제시했다. 기존 건물은 창이 없는 창고건물이며 단지 2개의 문만이 있는 카탈로그 백화점 체인의 건물이었다.

벤츄리는 다음과 같이 언급한다. "당신은 높이 16ft, 길이 1100ft이면서 창도 없고 단지 2개의 문만이 있는 건물을 어떻게 할 것인가? 카탈로그 백화점 체인을 위한 이 계획에서 우리들은 이 낡은 50년대 쇼핑몰을 아름답게 해달라고 주문받았다..."라고 언급했다. 벤츄리는 로고 자체를 사인의 배경막과 같이 사용하여 거대한 5개의 글자가 운전자가 쉽게 인지하며 건물 자체가 쇼핑몰과 관계가 있음을 성공적으로 표현했다. B-A-S-C-O라는 5개의 글자는 도로변에서 성공적인 랜드마크로서의 인지성을 획득할 수 있었다. 벤츄리는 거대한 사인의 기능을 간단한 몇 개의 글자로 충분히 다양한 기능과 심미성을 동시에 획득할 수 있게 되었던 것이다.

63

64

63, 64. 바스코 전시장의 사인

-프랭클린 정원

프랭클린 정원Franklin Court은 미국 건국 200주년 기념사업의 하나로 진행된 프로젝트로 과학자이자 미국 건국의 아버지인 벤자민 프랭클린이 거주하던 콜로니얼 양식의 주택을 복원시킨 장소이다.

미국 건국의 아버지인 벤자민 프랭클린은 84년의 생애동안 작가, 외교관, 발명가, 정치학자, 인쇄업자, 정치가, 과학자로 활동했고 1812년 그의 집이 철거될 때까지 프랭클린 코트에 거주했다. 지하부분에는 프랭클린의 생애와 유물을 전시하는 박물관 기능이 자리잡고 그 위에 도심공원을 제시하며 이 장소에 프랭클린이 거주하던 주택과 인쇄소 건물의 외부 윤곽을 강철 골조 프레임으로 재현하고 흰색 페인트로 도색함으로써 그가 살았던 장소로서의 의미와 함께 그 자리에 프랭클린의 집과 인쇄소가 자리하고 있다는 존재가치에 의미를 부여했다. 강철 프레임은 순수한 역사적 유물의 기호로서 작용하면서 동시에 18세기 정원 분위기를 불러일으키고 있다. 그가 살았던 집이라는 매끈한 기표(철제 프레임)가 장소성의 의미와 결합되며 현시대의 새로운 의미를 만들게 된다.

65. 알베르토 자코메티의 "새벽 4시의 궁전"에서 영향을 받은 듯한 유사한 형태
66. 프랭클린 정원의 구조체

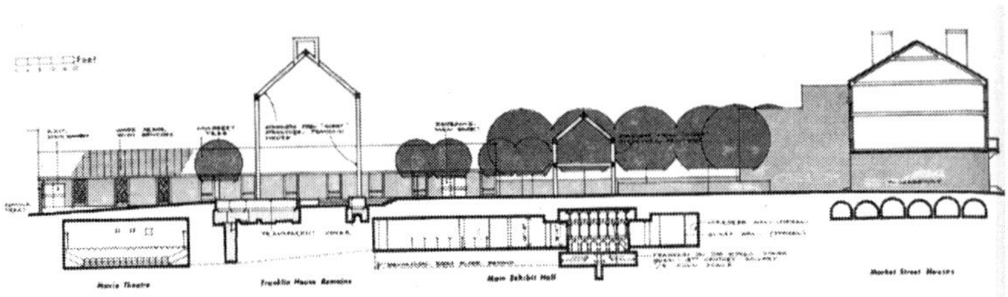

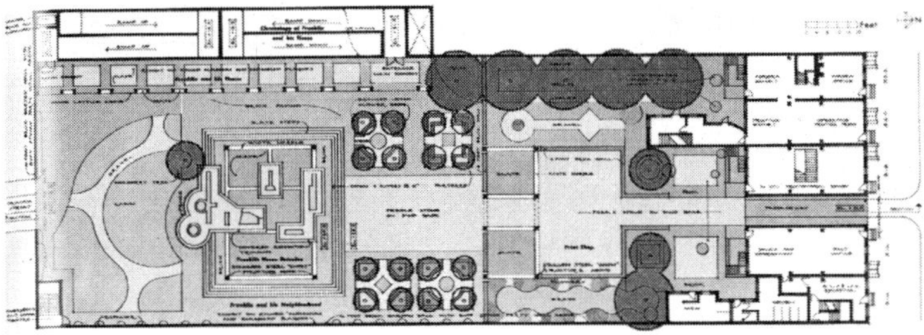

일층 평면도

전시장이 있는 지하층 평면도

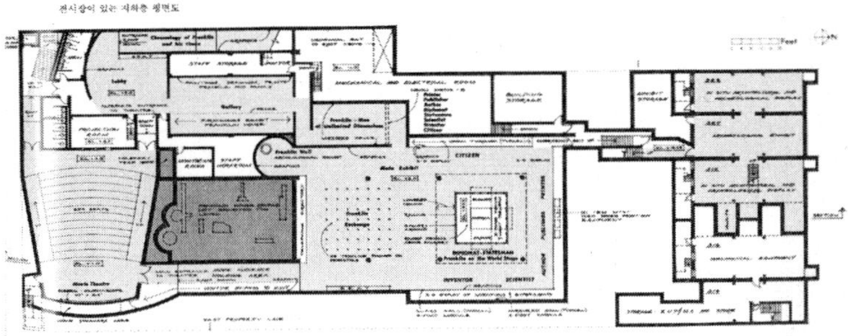

67. 프랭클린 정원 도면

지하는 프랭클린의 유물이 전시되는 박물관 기능이 위치하며 상부에는 원래 위치했던 그의 거주주택의 프레임과 인쇄소의 프레임이 위치하여 공원으로 기능한다.

68, 69. 프랭클린 정원의 전경

–찰스 무어의 이탈리아 광장

찰스 무어는 1960년대 초반부터 새로운 건축설계의 접근방향을 제시하면서 제3세대 건축가들에게 많은 영향을 주었다. 찰스 무어는 건축의 역사와 장소성을 재해석하여 구축하는 것에 관심을 집중했다. 무어는 주택, 신체, 기억 등에 관심을 기울였으며 모더니즘 건축과 국제주의 양식의 어휘에 싫증난 대중들에게 어필할 수 있는 회귀적 건축어휘를 구사했다. 그는 건축이 이루어지는 해당지역의 상징적 요소들을 사용해야 한다고 생각했으며 장소성과 기억이 공존하는 건축어휘를 구사했다. 역사적, 기억을 불러일으킬 수 있는 건축어휘를 재활용하고 변형, 배치함으로써 휴머니즘에 입각하여 독창적인 해학을 추구했다.

포스트모던 시기에 그는 기표적 기호와 언어적 유희를 실험한 작품을 선보였다. 이탈리아 광장 프로젝트는 이탈리아 이주민들이 많이 몰려살고 있는 뉴올리언즈에 계획되었다. 그곳은 재개발이 시급히 필요한 지역이었다. 이탈리아계 미국인들의 커뮤니티 광장을 계획한 뉴올리언즈의 이탈리아 광장은 색채, 고대 로마의 아이디어, 물, 조각상 들의 기과한 배치를 통해 이탈리아의 역사적 요소들을 기호적 관점에서 배치하여 미국에서의 이탈리아적 감성을 이끌어냈다.

이 작품에서 사용된 각 요소들은 옛것과 새것, 농담과 진담, 완벽과 의도적 불균형을 대비적으로 표현되었다. 광장 주변의 기둥은 로마의 상

70. 이탈리아 광장 전경

징으로서, 도리아, 코린트, 이오니아, 혼합식 등의 모든 형태의 기둥이 집합되어 있으며 심지어는 이탈리아 지도역시 광장에 표현되어 있다. 로마건축의 고전적 위대함을 해학적으로 표현하고 있다.

이탈리아 광장은 로마건축의 고전적 건축어휘(고전적 모티브들을 설화적으로 유머러스하게 표현)와 색채를 통한 이국적인 것, 지역적 정서를 결합시켜 이탈리아 이주민의 기억을 되살리는데 성공했다. 무어는 축소된 이탈리아 지도를 평면화시켜 다양한 재료들의 기둥들을 과잉되게 배치시켰다. 기둥들은 도리아식, 이오니아식, 코린트식, 혼합식을 통해 다양한 감정을 불러일으킬 수 있도록 다양한 색과 조명으로 위트있게 고전적 위대함을 암시하고 있다. 기둥 위에는 Wet, Wetopes와 같은 단어들을 통해 기표적 유희를 즐기고 있다.

"여기는 이탈리아다."라고 하는 동시에 "이탈리아는 여기에 있지 않다."
라고 대표되는 이 작품의 기표와 기의에 대한 건축어휘의 실험은 포스트모던 건축의 핵심을 잘 보여주고 있다. 이탈리아의 향수를 달래는 동시에 미국적 소비를 암시하고 이탈리아적 기표들이 허구임을 자각하도록 만드는 풍자적 기능도 함께 하고 있는 것이다. 미국에서 이탈리아인의 정체성을 갖는 사람들과 기억, 그리고 다른 장소에서 사는 기표와 기의의 미끄러짐과 같은 유리된 정체성의 혼란을 경험하는 이탈리아인 자화상과 같은 작품이다.

71. 이탈리아 광장 투시도
72. 이탈리아 광장 모델사진과 이탈리아 지도

–마이클 그레이브스의 대중건축

마찬가지로 포스트모던 건축의 대표주자 중 한명인 마이클 그레이브 는 대중적 취향의 밝고 팬시한 디자인으로 많은 미국대중들로부터 사랑받은 건축가이다. 그는 심각한 건축대신 대중이 선호하는 이미지와 친숙한 요소들과 색채 등을 사용하고 특히, 기업을 상징하는 친숙한 캐릭터 및 글자와 앰블럼을 디자인에 적극적으로 사용했다. 그래서 그의 디자인은 상업적인 니즈에 적극적으로 대응하여 만족시킬 뿐만 아니라 자기 자신이 디자인한 다양한 산업디자인을 디자인 회사(이탈리아 명품 주방 업체 알레시ALESSI 등)와의 협업을 통해 시장에 적극적으로 개입하고 이윤을 추구하고 있다. 실제로 그의 작업은 대부분 대부호의 저택, 기업본사, 호텔, 리조트 등의 건축에서 빛을 발휘하고 있다. 그만큼 상업적인 요소들과 코드가 잘 맞는다고 볼 수 있다.

73. 마이클 그레이브스의 Walt Disney World Dolphin Hotel

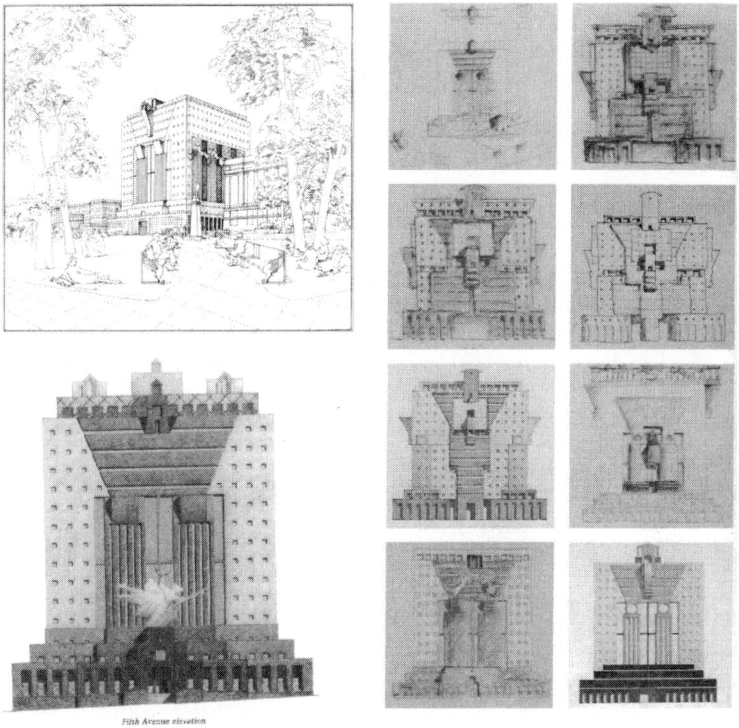

74

앞서 살펴 보았던 포틀랜드 빌딩뿐만 아니라 디즈니 본사 및 업무동을 계획할 당시 디즈니사의 친숙한 캐릭터들(백조 및 난장이 등)을 상부에 상징적으로 배치하고 밝고 다양한 색상을 통해 대중들이 손쉽게 흥미를 가질 수 있으면서 동시에 디즈니사의 정체성을 가장 직접적으로 해결하는 방식을 사용했다.

74. 마이클 그레이브스의 포틀랜드 시청사 스케치

Facade study

Detail of roof

Penthouse study

75. 마이클 그레이브스의 포틀랜드 시청사

76, 77. 마이클 그레이브스의 Walt Disney World Swan Hotel

-SITE의 상업건축

사이트의 BEST쇼핑센터 체인을 위한 일련의 디자인들은 벤츄리의 경우와 유사하다. 그들의 디자인은 벤츄리의 장식된 헛간decorated shed과 마찬가지로 박스형의 기능적 쇼핑공간 전면에 자동차의 속도에서도 쉽게 인지하고 대중들이 일종의 신선함과 강렬한 인상을 남길 수 있는 상업적 의도의 사인이 되는 입면을 계속해서 디자인했다.

78

79

80

78, 79, 80. SITE의 BEST 상점의 상징적 입면 디자인

–낭만적 대중건축

아키그램Archigram은 오늘날 영화로 비유하자면 인디영화 혹은 B급 영화의 감성을 충분히 지닌 창조성 넘치는 그룹이었다. 1960년대 미국은 2차 세계대전 이후 경제재건을 빠른 속도로 회복시켜 최고의 번영을 구가하는 시기였다. 이 시기는 풍족하고 무엇이든지 가능할 것 같았던 시대분위기 속에 있었다. 당시 기술의 진보는 사람들에게 많은 가능성과 낭만적 분위기를 불어넣고 있었으며 아키그램의 작업은 그러한 시대적 분위기의 산물이다.

그들의 건축은 1960년대에서 70년대의 감성과 시대적 상황을 잘 반영하고 있다. 그들의 건축은 냉전시기 한창 우주개발이 가속화되고 있는 가운데 영향을 받고 나타난 미래적, SF적 감성을 지닌 건축이었고 베트남 전쟁의 반전의 분위기 가운데 어느 정도 히피문화와 무정부주의적인 특성이 반영되어 나타난 시대성을 담고 있는 것이었다. 노마드적인 삶을 당시의 낭만적 성향을 반영하여 과학적 이성의 시스템적인 건축적 이상을 포함시키고 융합하여 제시한 것이었다. 그들은 기계에 대한 신념과 진보에 대한 신념을 가지고 상상의 나래를 극한까지 몰고 간 작품들을 만들어냈다. 저항과 창조성, 번뜩이는 재치 등 오늘날 인디문화와 언더그라운드 문화에서 볼 수 있는 문화적 미덕을 유감없이 발휘한 것이다. 특히, 주거에 있어서 기존의 고정관념을 벗어나 계속 이주하거나 이동하면서 살 수 있도록 주거를 끼워넣는 플러

81. 당시 우주개발 경쟁
82. 유행하던 히피문화

그인plug-in 시스템이라든가, 자동차주거와 같은 유목, 히피문화라든가, 몸과 주거와 유기적으로 연결된 듯한 감성의 표현 등은 계속해서 오늘날 영향을 미치고 있다. 또한 이러한 건축적 경향은 실무보다는 교육에 힘 써온 피터 쿡에 의해 AA school 등에서 계속해서 교육되고 전파되어 후속 세대들이 창조적 영감을 발휘하는데 큰 공헌을 한다. 이러한 감성은 또한 당시 유행했던 팝 아트와도 밀접한 관련을 맺고 있다. 만화적 표현과 만화적 상상력을 표현했던 점은 또한 산업과도 밀접하게 연결되어 대량생산될 수 있는 여지도 존재하며 그들의 건축을 팝 건축Pop Architecture이라고 부르기도 한다.

비록 아키그램의 건축실험이 실제로 건축된 작품은 극소수였지만 그들의 건축은 가능성, 낭만성, 진보와 기술의 믿음을 기반으로 하는 진보적 성향이 있었으며 표현면에 있어서 팝아트적인 특성의 독특함이 존재했고 아나키즘 anarchism[21]과 히피문화가 접목된 독특한 문화적 성향을 지니고 있었다.

21) 인간에 의한 인간에 대한 지배가 없는 자유로운 사회, 특히 국가 없는 사회를 지향하는 사상과 운동의 총칭. 애초에는 군사적 혹은 정치적인 지도자의 부재를.

83. 아키그램 제작 이미지

84, 85. SF 유목민적 삶

86, 87. 로이 리히텐슈타인의 팝아트 작품

4013 포스트모던 건축의 부정적 부분

포스트모던 건축이 비판을 받는 부분은 대지와 건축사이의 직접적인 관계 맺기에 의해서 생겨나는 질적 차이의 다양성을 놓쳐버린 채, 표피적인 맥락적 요소들을 나열하는 것에 그치는 경우가 많았다는 점이다. 달리 말해, 일종의 패션과 같이 소비되고 그 이후에는 식어버려 외면되는 현실이 비판받는 것이다. 일반 대중에게는 신데렐라와 같이 엘리트 혹은 귀족이 되고 싶은 신분상승의 욕망과 전통적인 고급문화에 대한 향수가 있다. 따라서 대중은 그러한 이미지들을 합리적인 기능 및 가격과는 상관없이 돈을 들여 소비하는 경향이 있다. 현대인은 현재 자신의 신분은 그렇지 않은데 잠시 귀족이라는 기호가 되어 살고 싶은 욕망을 충족시키는데 돈을 사용하도록 유도당한다. 현실적 삶과 기표가 미끌어지며 유리되는 순간이다. 단순히 기호화된 가치를 소비하는 것이다. 이런 이유 때문에 포스트모더니즘의 문화에서는 모

88. 마이클 그레이브스의 포틀랜드 빌딩
89. 라스베거스의 이미지

더니즘의 윤리적 측면이 퇴보된다는 비판을 받기도 한다. 또 포스트모던 건축은 **'기호화된 배경화법**scenography'에 지나지 않는 것으로 축소되는 경향이 있다고 비판받기도 한다.

이처럼 포스트모더니즘은 대중이 좋아하는 과거의 기억과 관련된 요소(기표)들을 적절히 이용한다. 건축분야에서는 그 나라의 지역성과 컨텍스트를 드러내는 방법이 자주 사용된다. 2권에서 살펴 본 바와 같이 지역주의는 풍토건축의 토속적인 모티브를 차용하고 주변과의 조화를 이루고 과거의 연속성을 회복시키려는 노력을 했다. 이것은 모던 무브먼트의 표준화와 기계적인 건축을 벗어나고자 했던 움직임이었다. 그러나 포스트모던 건축은 지역성을 생각하기 보다는 이미지 에만 몰두한 경향이 더 강하다. 장식된 헛간의 사인역할과 프로그램의 기능은 모던적으로 수행하고 과거의 향수를 불러일으키거나 대중에게 친숙한 이미지만을 화장과 같이 덧붙여 소비하게끔 하는 것이다.

지역주의 건축과 같이 건축은 근본적으로 그 시대, 그 지역의 소외되었던 건축과 사람, 그리고 땅과의 관계성을 회복시키기 위한 노력이 전제될 때 바람직한 가치를 지닐 수 있다. 그러나 포스트모던 건축은 대중과 쉽게 소통하는 부분이 있다고 해도 본질적인 것보다는 대중과 친숙하거나 기억과 관련된 허구적 기표에 집중한다. 표피적인 특성에 주목한 건축적 경향은 창조적으로 재활성화시켜 현대건축의 새로운 특성으로 표현하는 것이 아니라 그것들 각각을 이미 틀에 넣어 규격화된 공간으로 가정하여 단순히 꼴라쥬하는 상태에 불과할 수 있기 때문이다.

포스트모던 건축이 지역적 **'기억'**에 주목한 것은 건축공간 내에 들어 있어 물질적인 요소로 환원될 수 있는 것이 아니라, 주변과의 관계와 변화하는 시간과 맥락 속에서 끊임없이 새롭게 드러나는 감각이기 때문이다. 지역주의의 문제점은 결과적으로 재료적 측면, 주변환경, 그리고 지역의 형태와 같이 파편화된 요소를 통해 맥락을 부분적으로만 표현하여 환원시키는 한계를 지니게 된다.

항상 이즘ism이라는 일종의 사회적 원동력이 발생하게 되면 처음에는 ~이즘 자체의 순수한 의도에 의해서 사회기준과 질서를 어느 정도 전복시키게 되고 순수한 의도에서 새로운 양상을 만들게 마련이다. 그러나 자본의 순환관계 속에서는 항상 진보 및 보수 세력이 그러한 새로운 움직임을 본래 의도와는 다르게 이용하여 변질시키는 경향이 있다. 앞서 살펴보았던 포스트모던의 경향 역시 진보와 보수의 특성과 결과물이 매우 다름을 알 수 있다. 국제주의 양식의 교리적이고 엄격한 사회적 질서에 저항하여 대중과 소통하고자 했던 초기의 벤츄리의 행위와는 상관없이 대중의 이미지 소비와 생산, 순환의 돈벌이 수단의 일종으로 타락해버린 팝아트적인 세속적 상업주의는 모두 자본이 본래의 의도를 변질시켜나가는 자본의 순환과정에서 나타나는 일종의 변질된 양상이다. 7, 8권에서 살펴볼 들뢰즈의 세계관에서는 이러한 요소들을 사유할 수 있는 시각을 제공하고 있다.

포스트모더니즘과 관련된 작품과 외피집중 현상

4014 기호적 미끌어짐의 상징, 델 몬도 극장

Teatro del mondo, Venice Biennale, Venice, Italy, 1979

알도 로시의 포스트모던적 기표에 대한 상징과 미끌어짐을 가장 상징적으로 보여주는 장면이 바로 황혼녘에 델 몬도 극장이 기존의 베니스 건축물의 결에 정착해 있을 때이다. 오랜 시간 동안 베니스의 역사를 바라보며 굳건하게 베니스를 상징하는 고전건축물과 비엔날레라는 일시적 행사를 위해 일시적으로 구축된 떠다니는 기표가 기존의 실체와 동시에 서있을 때 마치 어느 것이 진짜이고 어느것이 가짜인지 그리고 역사와 시간과 장소라는 것은 무엇인지와 같은 물음이 나오게 되고 끊임없는 미끌어짐을 경험하게 된다.

로시의 극장 계획은 1980년 베니스 비엔날레 극장과 건축 부문에 위탁된 작품이다. 이 건물은 타워와 같은 단기 축제의 구조물로 되어 있다. 이 작품의 기원은 그림과 같이 베니스의 16세기의 떠다니는 파빌리온의 유산에 기인한 것이다. 이것은 떠 다니는 "기계"와 같은 계보에 속해 있다. 이 작품은 도시의 가로풍경을 일시적으로 나타내고자 계획되었다.

구조물은 바지선 위에 비계로 구축되었다. 골격이 되는 프레임은 9.5m 정사각형 평면과 11미터 높이이며 그 위에는 6미터의 너비의 금속으로 외피를 두른 6각형의 피라미드꼴 형태가 올려져 있고 최상부에는 작은 철제 깃발이

90

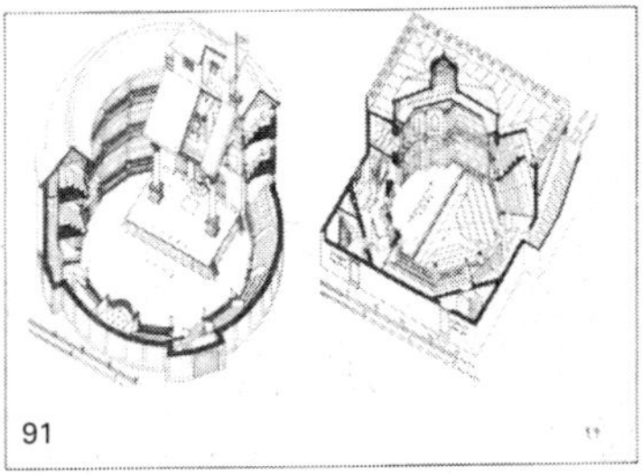

91

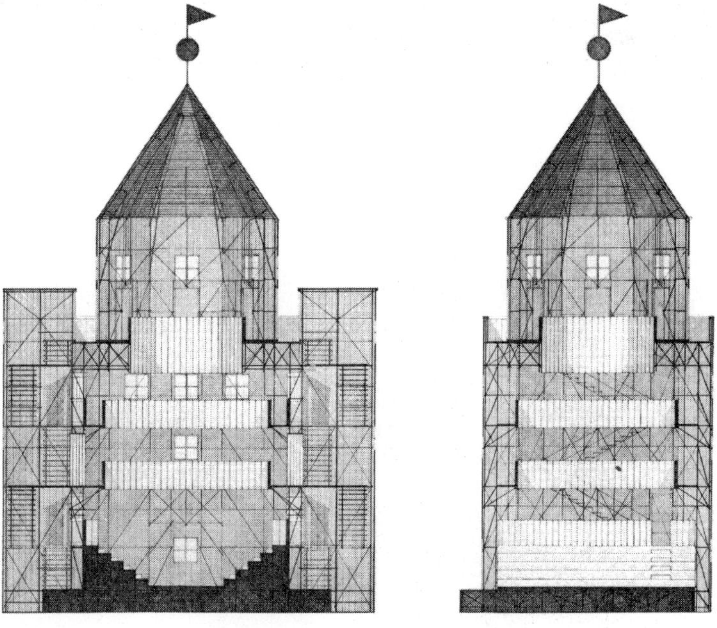

92

90, 91. 베니스 역사
92. 델몬도 입면

93

94

95

96

93. 델 몬도 극장
94. 작업중인 알도 로시
95. 비이성적인 것이 시작되는 장소와 같은 이미지
96. 유고슬라비아 해변 여정

부착되어 있다. 측면에는 상부로 올라가는 양측의 직사각형 계단 볼륨이 있다. 계단식 좌석과 중앙 무대 발코니에 250석이 배치된다. 이 작품은 Fusina에 있는 선박 건조장에서 제작되어 Punta Della Dogana 바다에 띄워졌다.

로시에 따르면 '건축이 끝나고 상상의 세계 혹은 비이성적인 것이 시작되는 장소에 있는 것처럼 보인다'라고 표현하고 있다.

이 작품은 비엔날레 기간 동안 사용되다가 이후에 그 작품은 원래 베니스 식민지역이었던 두브로비니크와 해변 마을에 방문하고 유고슬라비아 달마시안Dalmatian 해변 여정을 마친 후 해체되었다. 매우 시적이고 극적인 소멸이다. 이 건축물은 필자가 생각하기에 포스트모던 건축물이 가지고 있는 문화적 개념과 기표적 언어게임의 모든 사유가 상징적으로 녹아있는 대표적인 건축물이라고 평가할 수 있다.

포스트모더니즘은 소쉬르가 구축한 모던의 언어적 원리에 대해서 비판한다. 언어학자 소쉬르가 주목받았던 이유는 이러한 모던적 체계의 근본구조인 언어적 체계를 연구했기 때문이다. 소쉬르는 이전의 언어학적 체계와는 달리 전 세계인의 언어가 이루어져 있는 근본구조에 대해서 연구했음을 3권에서 살펴보았다. 랑그와 파롤의 개념처럼 기표와 기의는 그가 언어를 분석하는 중요한 도구로 작용했다. 포스트모더니즘의 반골적 성향은 너무나 거대한 모던의 흐름에 거부하는 시대의 흐름에 따라 새로운 표현과 구조가 대립적으로 드러난 것이었다. 이 작품은 그러한 현상을 상징적으로 잘 보여준다.

앞서 살펴본 바와 같이 기표와 기의는 서로가 끊임없이 미끄러지는 관계이다. 국가 및 각 사회별 역사(시간)별로 언어는 계속해서 기표와 기의가 변할 수 있는 관계이다. 이른바 랑그와 파롤의 관계처럼 사회적 규약과 의미의 사용하다가 끊임없이 변화하는 것이다. 구조주의 언어학자이자 포스트구조주의의 연결점에 있었던 롤랑 바르트의 공격을 살펴본 바와 같이 한 단어에서 여러 가지가 연상될 수 있는 것(OX의 경우처럼) 기능전달의 시스템이 항상 고정적인 것이 아닐 수도 있다. 그래서 포스트모던은 고정된 구조주의 언어학적 개념을 버리고 언어의 끊임없는 미끄러짐 혹은 유희를 즐기게 되는 언어게임, 특히 기표의 유희에 몰두한다. 상상의 체계의 산물로도 비칠 수 있는 포스트모던적인 언어게임이 그러하다.

그의 이 작품이 천년의 고도 베니스의 옛 건물 사이를 떠다닐 때 그리고 그것이 저녁나절의 황혼이나 이른 새벽안개 속에서 옛 건물과 같이 대비되어 보여질 때 마치 기표와 기의의 관계가 끊임없이 서로를 미끄러지는 관계인 것처럼 느껴진다. 또한 그것은 마치 유령처럼 직접적, 혹은 간접적으로 다른 느낌, 다른 의미로 다가올 수 있는 가능성이 있으므로 언어게임처럼 느껴진다. 그것은 바로 포스트모던의 자유분방한 기호의 향연을 아주 단적으로 보여주는 표현이자 행위이다. 보드리야르식으로 이야기하면 기표가 오히려 실제보다 더 실재적이고 더 정확한 의미를 전달할 수 있다는 것을 전적으로 혹은 상징적으로 보여주고 있다.

앞서 로시가 언급한 문장으로, "건축이 끝나고 상상의 세계 혹은 비이성적인 것이 시작되는 장소에 있는 것처럼 보인다"라고 한 것, 그것은 논리적 구축물과 고정된 언어로 존재하는 것이 아니라 끊임없이 이곳저곳을 정처없이 떠도는 유령처럼 그리고 그속의 우연의 이벤트들처럼 끊임없는 언어게임의 미끌어짐이 존재하는 것을 표현한 것이다.

97. 베니스 야경과의 대조

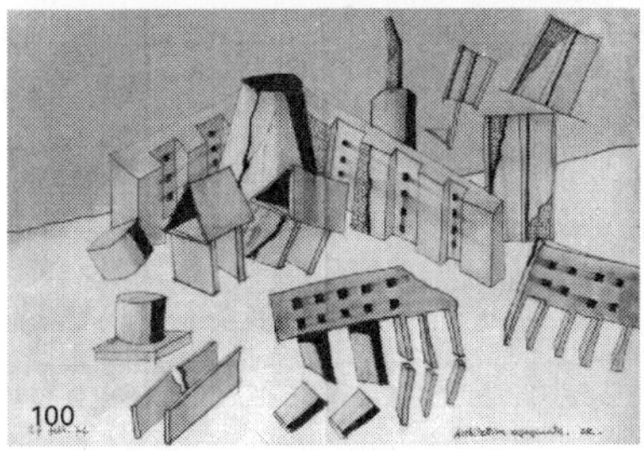

98. 베니스 비엔날레 당시의 운행
99. 알도로시의 그림
100. 알도로시의 Architettura Assassinata, 1974
101. 데 키리코의 그림, 투시도 시점의 왜곡과 그림자 등의 배치를 통해 긴장과 불안감을 증폭시키는 초현주의의 특성을 보인다.
102. 데 키리코의 영향을 엿볼 수 있는 로시의 스케치

비엔날레라는 이벤트를 통해 일시적으로 등장했다가 철거되는 한시적 구조물의 운명, 그리고 그것은 예전 베니스의 옛 영광을 목도했던 식민지 지역을 여행하고 여정을 마무리하며 소멸된 그 운명만큼이나 기표적이다. 달리 말해, 언어게임적이다. 기표와 기의라는 관계의 직접적 상징이다. 이 작품은 그러한 관계를 매우 수준높게 상징적으로 표현하고 있다. 그런 의미에서 이 작품은 포스트모던이라는 담론과 현상을 가장 상징적이고 축약적으로 보여준 하나의 사건이라고 생각한다.

초기 로시의 건축이 도시를 과학적인 방식으로 분석하여 새롭게 재창조하려 했던 구조주의적 관점에서 포스트모던의 상징적인 건축으로 흘러갔던 과정은 구조주의 이후 현대 건축이 포스트모던의 언어게임으로 흐르게 된 과정을 상징적으로 보여주고 있다. 또한 그것이 포스트모던의 대중적, 세속적인 면으로 흐르게 되면서 일정부분 자본의 속성 및 입장을 잘 대변해주는 기호를 소비하는 입장으로 흐르게 되어 소멸된 것은 안타까운 일이다. 아니, 오히려 후기자본주의 사회의 속성상 자연스러운 흐름이라고 생각될 수도 있겠다. 필자에게는 갑작스런 자동차사고로 인해 사망했던 그의 운명 역시 이런 흐름상 예사롭지 않게 느껴진다. 기표적 언어게임과 소멸은 포스트모던 기호에서 친숙한 주제이기 때문이다.

벤츄리의 초기 활동과는 달리 포스트모던 건축은 대중의 취향에 영합하면서 자본층의 이익을 대변해주는 자세로 대부분 변질되었다. **포스트모던은 대중과의 소통이 가장 중요한 목적중 하나이지만 실제로는 자본가와 중상류층을 위한 기호를 위한 것이지 저소득층의 사회적 재분배와 사회적 관심과는 전혀 상관이 없다는 사실이 이러한 불편한 진실을 증명하고 있다.** 이후 살펴보게 될 이미지화되거나 디즈니월드화 되는 공간구조와 표현은 비판자들에게 이데올로기를 위한 혹은 부조리한 현실을 숨기기 위한 스펙터클로

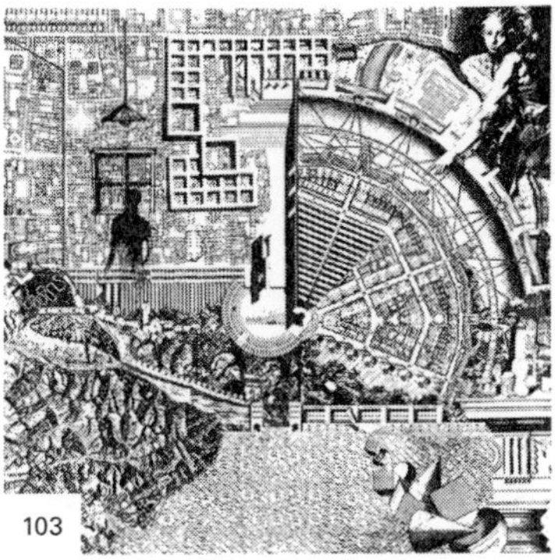

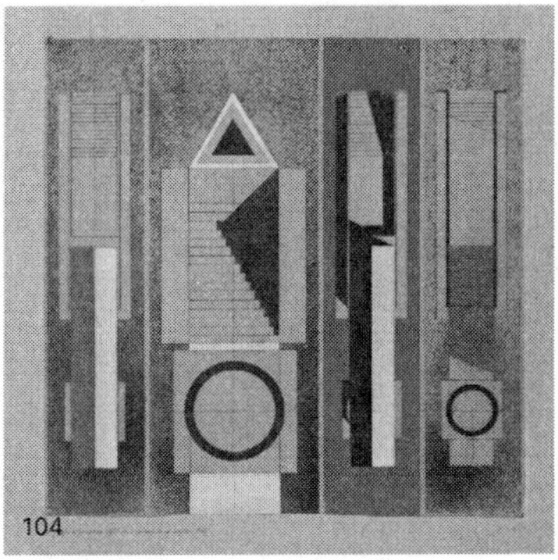

인식되고 있으며 이미지를 끊임없이 소비하는 시스템만이 정교해지면서 그러한 특성들이 건축적 공간에 투사되는 특성으로 여겨진다.

포스트모더니즘을 표방하는 건축에서는 대중과 자연스럽게 소통하기 위해 대중에게 친숙한 기존의 보수적 이미지나 상업적으로 이용할 수 있는 이미지들을 차용하고 변형시키는 것이 중요한 과제였다. 필연적으로 지역에서 오랜 기간에 걸쳐서 형성되었던 각종 유형적 요소들을 절충하게 마련이다. 그런 의미에서 포스트모더니즘은 일정부분 지역적 기억과 특성에서 나타나는 시각적, 재료적 유형적 요소들과 관련을 가질 수밖에 없다.

3권에서 우리는 유형학적인 요소를 구조주의적인 측면에서 살펴보았다. 구조주의는 합리적 이성에 근거하여 분석하지만 근본적 구조를 탐구하는 구조주의의 특성상 인문학적인 내용과 감성적 측면이 들어가는 요소들도 같이 분석하게 된다. 유형을 분석하여 창조적으로 재해석하고 현대성을 가미하여 재창조하는 것은 가장 어려운 단계의 디자인 활동이다. 유형을 자칫 잘못 사용하면 단순한 절충주의 건물로 변질되거나 과거의 유형적 이미지만으로 구성되는 세트화 된 건물로 몰락할 수 있다.

103. 초기의 로시의 상사성의 도시
104. 로시가 즐겨 사용한 요소들

건축가의 본래 의도가 변질되어 몰락할 수 있는 경우를 알도 로시의 경우를 살펴보면서 확인할 수 있다. 물론 알도 로시의 건축이 변질되고 몰락했다는 점에 있어서는 논란의 여지가 있을 수 있다. 당시의 포스트모던적 시대성을 잘 반영한 점에서는 성공적이나 로시의 후기작품은 결국 초기의 벤츄리가 수행했던 사회변화의 새로운 가능성을 창조했던 것과 같이 자체의 한계를 넘어섰는가는 의문이 들 수 있는 여지가 있기 때문이다.
초기의 로시는 과학적이고 이성적인 구조주의적 사고를 중심으로 도시의 유형과 표현을 과학적으로 분석하여 그 지역의 감수성을 지닌 합리적인 건축물을 계획하는 특성을 보였음을 3권에서 살펴 보았다. 건축사가 타푸리는 알도 로시가 자신의 건축사관에 가장 이상적으로 부합하는 건축적 모델 중 한 명으로 생각했다. 그러나 미국에 방문한 이후 전 세계적으로 활동하게 되고 많은 비평가로부터 그의 건축은 포스트모더니즘의 시기와 맞물리면서 단순히 대중적 소통의 이미지만을 위한 건축으로 몰락해버렸다는 평가를 받게 된다. 미국적 자본주의 속성과 타협했다는 비판을 받기도 한다. 예수를 박해하러 가는 사도 바울이 다메섹Damascus 도상途上에서 하나님의 음성을 듣고 극적으로 회개하여 예수님의 적극적인 전도자로 변신하게 되었는데, 라파엘 모네오는 알도 로시가 미국방문을 마치고 이미지에 몰두한 것을 '다메섹으로의 몰락'이라는 표현을 쓰며 급격하게 변화한 것을 비판하고 있다.[22]

그만큼 유형을 이용하여 디자인 하는 것은 과거의 친숙한 이미지와 유형적 요소들을 통해 현대성을 가미하여 전통의 연장선상에서 새롭게 재창조될 수 있는 충분한 가능성이 있다. 그러나 다른 한편으로 쉽게 이미지를 절충하여 손쉽게 디자인하는 대상으로 전락할 수 있는 위험성과 유혹도 대단히 크다.

105. 알도 로시
22) 『라파엘 모네오』, 임기택 외 역, 8인의 건축가, 2008, p132

3

4

5

6

7

8

9

10

11
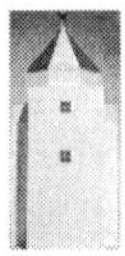
12

13

14

15

16

델 몬도 극장의 다양한 액티비티의 이미지들

4015 기호과잉과 현실왜곡의 디즈니적 상황

현대 문화상황과 공간구조는 디즈니식의 스펙터클spectacle이 되어버린 경향이 있다. 해체주의가 성행했던 세기말의 현대적 문화상황은 디즈니의 쇼를 위한 공간과 같은 느낌을 피하기 위해서 그 텍스트를 분열성의 메커니즘으로 사용했다. 대중들은 어떤 특정 컨텍스트나 특정 상황에서 주목받는 디자인을 선호하는 경향이 존재한다. 그러한 면이 자본상황 하에서는 수익과 직결되는 건물의 마케팅적 요소로 작용하기 때문이다.

106

107

오늘날 포스트모던적 상황의 큰 문제점 중의 하나인 장소의 부재 내지는 무성격한 공간이 무한대로 증식되는 것, 장소성이 상실된다는 점은 대중적 건축의 부정적 특성이다. 그 자체로서의 장소, 살아있다는 의미로 가득 찬 장소, 많은 실존과 직·간접적으로 연결되어 있는 장소를 재발견하는 것이 중요한 건축적 가치이지만 현대적 상황에서는 거의 불가능함을 경험하게 된다. 가면과 병풍으로 은유되는 대중적 건물에서는 전면의 기호적 표현과는 달리 후면에 전시되어 있는 내용물과는 아무런 관계가 없이 건축공간 및 프로그램 자체는 상업적 목적으로만 채워지는 특성을 보이게 되기 때문이다.

이러한 사례들은 라스베거스에서 많은 부분을 생각해볼 수 있다.
사막의 한가운데에 인위적으로 계획된 도시인 라스베거스는 자동차 위주의

106. 오늘날의 디즈니랜드화된 사회
107. 디즈니랜드 맵

도시였다. 광활한 미국 대지 한가운데를 달리다가 라스베거스를 인식하기 위해서는 어떤 전략을 써야만 할까? 한순간에 일확천금을 꿈꿀 수 있는 도박이 우선적인 프로그램으로 설정될 수 있을 것이다. 사막 한가운데에 많은 차로 이동하는 많은 사람들을 유인하기 위해서는 빠른 속도에서도 쉽게 인지할 수 있도록 하고 자동차로 쉽게 접근 가능한 공간구성이어야 한다.

108. 라스베거스의 이미지
109. 1972년 당시 자동차 위주의 사인체계
110. 2000년 보행자 위주의 사인체계변화

지금의 라스베거스의 화려한 조명을 떠올리면 이해하기 쉬울 것이다. 화려한 네온사인이 있는 거대한 구조물들은 라스베거스의 가장 특징적인 건축적 요소들이다. 휘황찬란한 환영과 같은 이미지들의 매력에 빠지게 만드는 라스베거스의 사인에 이끌려 들어가게 되는 도박장과 모텔 등은 전면부에 위치한 사인의 낭만적이고 표현적 특성과는 달리 매우 기능적인 공간들로 이루어져 있다. 물론 도박장은 화려하게 꾸며져 있지만 건물과 내부는 도박장의 기능에 충실한 공간들이라는 의미이다.

흔히 카지노 내부에는 세 가지가 없다고 한다. 창문과 시계, 그리고 거울이다. 사람들을 오랜시간 머물게 하기 위해 시간의 변화를 알 수 있게 만드는 창문과 시계를 치우고 자신의 탐욕으로 가득한 초췌한 모습을 보지 못하게 거울을 없애는 것이다. 현대의 대규모 쇼핑몰에도 이러한 요소들은 그대로 적용된다. 화려한 네온사인의 이미지에 홀려 그 공간에 침잠하면 어느새 많은 돈을 소비하고 있는 자신을 발견하게 된다. 포스트모던의 기호와 공간체계는 결국 소비와 직접적인 관련성을 맺고 있는 것이다.

오늘날 우리는 서울에서 지방 국도를 달리면서 보게 되는 각종 음식점과 상점들의 사인들을 보면서 비슷한 경험을 하게 된다. 고속도로변에 위치한 건물 중에는 빠른 속도에서도 순간적으로 인지할 수 있는 기호나 이미지로 이루어져 있다. 이미지와 속도, 공간 등이 어우러져서 만들어지게 되는 소비사회의 단면을 우리는 이러한 건축요소들에서 느낄 수 있다. 특히 주유소 건물과 사인들이 그러한 특성들을 적나라하게 보여준다. 주유소 건물은 인류가 개발해낸 최악의 쓰레기와 같은 유형이라고 평가하는 사람들도 있지만 인간의 기호체계를 효과적으로 이용한 사례로 계속해서 유형을 달리하며 존재할 것이다.

111. 도박장의 실내 전경

112

113

1950년대에서 60년대의 미국의 문학 대중문화의 이론적 뒷받침을 해 준 것은 반 엘리트Anti_Elite적인 움직임으로, 20세기 전반의 모든 기법과 혁신의 사용으로 소재의 빈곤, 주제의 결핍, 기법과 기교의 빈곤을 탈출하기 위해 해체적 표현경향을 보이기 시작했다. 이러한 움직임들이 모던과 포스트모던의 이분적인 구분방식과 사고방식을 가져오게 하였으며, 모던 vs 포스트 모던에서 형식 vs 반형식, 무정부적, 방관과 참여 vs 해체의 경향을 나타냈다. 소비사회에서 사람은 다른 사람들이 아니라 사물들 또는 기호들에 싸여있다고 할 수 있다.

114

포스트모던시대에 기호는 항상 소비와 밀접한 관련을 맺고 있다. 오늘날의 대중은 상품의 사용가치를 소비한다기보다는 오히려 기호를 소비하는 경향이 강하다. 위의 내용에서 살펴본 바와 같이 우리들이 사는 사회는 똑같은 사용기능을 소비한다기보다는 네온사인이나 이미지의 기호에 의해 많은 것들이 좌지우지 되어 기호와 이미지에 돈을 지불한다는 의미이다. 사회를 살고 있다는 의미이다. 기능면에서 똑같은 상품이 기능을 둘러싼 포장의 이미지나 광고의 효과로 인해 더 높은 가격으로 구매되는 현실은 이러한 경향을 보여주는 것이다.[23]

112. 자동차 생활 위주의 사인시스템
113. 국도상의 사인
114. 오늘날 쇼핑의 존재이유가 된 현실 (나는 쇼핑한다. 고로 존재한다_데카르트 문장 패러디)
23) 임기택 외, 건축콘서트, 효형출판사, 2010, p224 재인용

건축의 경우도 그런 면에 있어서 자유로울 수 없다. 대중문화가 환각적인 판타지의 경험을 일으키고 이러한 문화에 쉽게 빠져드는 것이 대중의 속성이라고 한다면, 이러한 문화적 현상은 이성적으로 살아가는 현대인의 스트레스를 감성적인 면으로 도피적으로 사용하는 것이다.

건축가 필립 존슨은 뉴욕 AT&T 본사 사옥을 설계하면서 당시 미국가정에서 하나씩 소유하고 있었던 전통적인 괘종시계 형태의 대중적 이미지를 차용함으로써 포스트모던 건축의 붐을 일으켰다. 당시의 건축물들은 대부분 모더니즘의 영향을 받아 기능적이고 깨끗한 외관을 가지고 있었다. 기능적이고 재미없는 외관에 실증이 났던 대중들은 그의 디자인을 적극 지지했다.[24]

마이클 그레이브스는 상류층이 즐길 수 있는 고급적인 이미지의 기능을 수행하여야 하는 건물들을 많이 설계해 왔다. 어느 시대에나 상류층의 고급 이미지를 소비해야 하는 기능들을 수행하기 위한 건물들이 사회에는 많이 존재하며 단순히 기능적인 건물만으로는 이미지를 소비하면서 수행해야 하는 산업들의 요구사항들을 보조하기 힘들기 때문이다. 그들의 니즈를 맞추기에는 이미지적인 경쟁력이 떨어지게 되기

115. 오늘날의 시스템화된 쇼핑센터 내부
116. 필립 존슨의 AT&T 빌딩
24) 같은 책, p225 재인용

때문이다. 구매력이 높아진 중산층과 대규모의 자본을 집적한 신흥자본계급들을 포섭하여 소비할 수 있도록 하는 공간에는 전략에 따라서 여지없이 이러한 포스트모던적 특성들이 들어가게 마련이다.

오늘날 포스트모던 건축의 대표적 인물 중 한명로 평가되는 마이클 그레이브스의 건축이 건축저널의 조명을 받지 못하고 있는 것이 사실이지만 그의 사무실은 여전히 바쁘게 돌아가고 있다고 한다. 여전히 미국 중상류층의 수요는 끊임없이 계속되고 있는 것이다. 오늘날 미국 건축계가 매우 혁신적이고 최첨단의 디자인을 선보이며 주도하고 있어서 대부분의 미국 건축교육 역시 그런 경향을 보일 것이라고 생각한다면 오산이다. 미국 서부, 혹은 뉴욕과 동부의 몇 개 학교만이 그런 경향을 주도할 뿐, 많은 학교들은 대중취향에 맞춘 팔라디안 풍이나 보자르Beaux_Arts식의 도제식 건축교육을 하는 곳도 존재한다. 그만큼 대중의 니즈에 맞춘 디자인은 계속되고 있는 것이다.

세속적이고 통속적인 취향과 신분상승의 이미지 소비 욕구는 계속적으로 존재하고 있으며 그런 니즈에 맞추어 활동을 계속하고 있는 것이다. 건축적 담론의 중심이 동시대의 다른 부분에 집중되어 주목받고 있지 못할 뿐, 수면 아래에서는 계속적으로 활발하게 움직이고 있는 것이 현실이다.

117

118

117, 118. 마이클 그레이브스의 건축

119. 마이클 그레이브스의 건물
120. 필립 존슨의 AT&T 빌딩
121. 마이클 그레이브스의 포틀랜드 빌딩

4016 건축분야의 외피 집중의 원인

생산구조의 변화와 다원화된 소비자의 욕구에 발맞추어 산업은 빠른 속도로 재편되고 조직 역시 상황에 맞추어 빠르게 적응할 수 있는 구조로 변화하고 있다. 건축의 공간구조는 하드웨어이기 때문에, 일단 한번 지어진 이후에는 주변 상황에 맞추어 발빠르게 대처해 나가기에는 비용이 많이 소요되므로 변화가 쉽지 않다. 그런 까닭에 건축분야에서 유연성을 담보하기 위해 할 수 있는 거의 유일한 방법은 바로 외피에 집중하는 것이다.[25] 사실 프랭크 게리의 유동적이고, 유기적인 경계해체 디자인은 철저하게 기능적인 공간상의 필요사항이 명쾌하게 풀리고 난 이후에야 비로소 외부에서 보이는 부분만 유동적인 디자인을 한 경우가 대부분이다. 이와 같은 현대적 상황은 결국 건축분야에서 외피의 구조와 재료적 특성이 만들어내는 디자인에 중점적으로 관심을 기울이도록 만들었으며 그 중요성은 감퇴되지 않을 것이다.

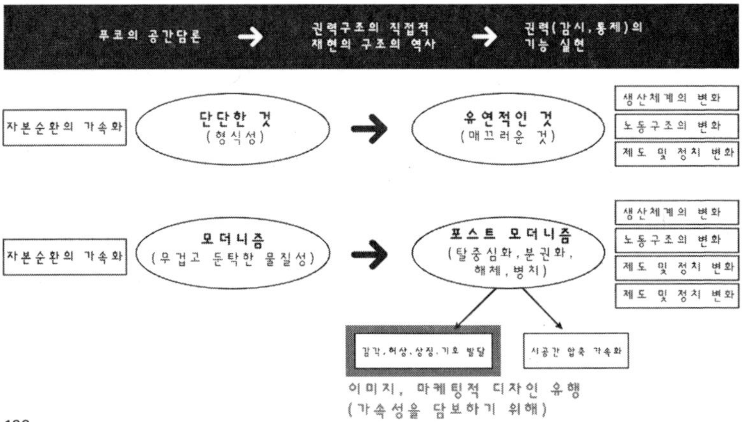

122

122. 벤츄리의 내부 사인

25) 이전에 기술했던 감시와 통제, 그리고 지역적 컨텍스트를 배제한 공통적인 요소와 구축적인 요소만을 통한 Mall화 되는 건축어휘를 사용한 세계적으로 통용될 수 있는 어휘만으로 무장한 건축디자인으로 다가서는 디자인이 이루어지고 있다. 3차원 디지털 툴의 발달에 따른 디자인 경향은 다양한 경계해체적이고 위상기하적, 비선형적 디자인 경향을 만들어냈으나, 형태는 다양할지라도 그 표현의 정도 자체는 계속해서 평준화되어 오히려 표준화되고 있는 느낌이 강하다고 말할 수 있다.

자본순환의 가속화는 단단한 형식성, 즉 모던시대의 형식성을 다양화시키고 다원화된 양식으로 변화시키면서 유연적이고 매끄러운 것으로 바꾸어 놓았다. 이것에 대한 담론은 6권에서 더 자세히 살펴볼 예정이며, 매끄러운 공간 및 생산구조로 대변되는 포스트포디즘의 사회는 관리 및 통제체계의 변화로부터 시작되었고, 이러한 변화는 유동적인 네트워크구조로 진화되었다. 재현분야에서 로버트 벤츄리는 물적 토대의 위기로부터 시작된 위기를 발 빠르게 감지하고 그러한 변화를 이끌 수 있는 기호적 유희를 통한 변화를 주도했다. 포스트모더니즘으로 대변되는 현상은 이러한 산업구조와 소비구조의 변화와 다원화 현상과 생산 및 소비에 따른 가속순환의 주기를 빠르게 하기 위한 방편이었다. 따라서 이미지와 기호를 소비하기 위해 감각, 허상, 상징 기호 등의 내용 등이 중요하게 되었고, 로버트 벤츄리는 대중들에게 친숙한 이미지와 기억들을 차용함으로써 이러한 모던의 분위기에 반기를 들었다.

자본운동의 가속화는 자본 순환영역 내에 있는 기존의 '단단한 모든 것(기존의 공고했던 영역)을 녹여' 매끄러운 흐름(좀 더 유연한 구성)으로 재구성하면서 달성된다. 따라서 포스트모더니즘의 특성과 관계되는 자본순환의 가속화와 관계되는 노동과정, 기술, 상품, 소비방식, 제도, 정치, 행태, 가치, 의미 등은 기존의 형식성과 성질 면에서 보다 '유연하고 가변적인 것'으로 발 빠르게 재편되고 있다.

이렇게 빠르게 변화하는 것에 발맞추기 위해 건축분야 및 조형관련 분야의 사물들은 무겁고 둔탁한 물질성보다는 이미지, 상징, 기호, 허상simulacrum에 민감한 성질을 취하는 경향이 있으며, 아울러 형태면에서는 탈중심화, 분권화, 해체, 병치 등의 양상을 취한다. 이런 변화는 궁극적으로 사물과 현상의 의미 체계 전반을 전복시키는 효과를 낳는다. 그래서 필요보다 욕구, 깊이보다 표층, 원인보다 결과, 윤리보다 미학, 물질보다 담론, 생산보다 소비, 거시보다 미시적인 것이 우선되는 포스트모던의 의미체계가 형성된다.[26)]

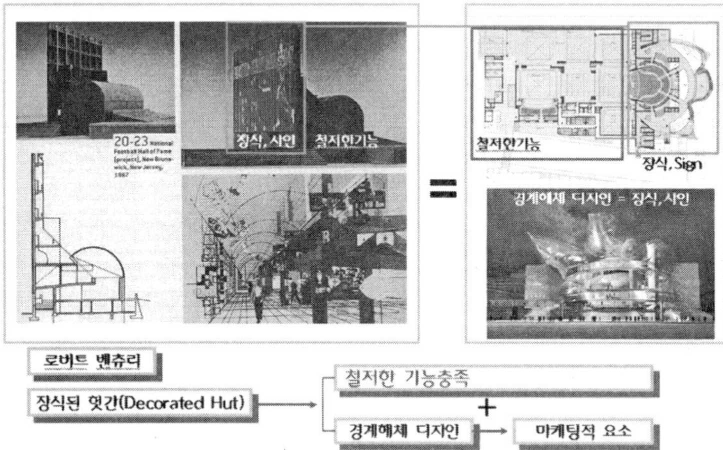

123

벤츄리의 성향은 물적 토대의 위기의 순간에 결정적으로 대중과 소통하며 반응할 수 있는 포스트포디즘의 물적 토대의 재현양식과 일치했고, 그로 인해 열광적으로 지지받았다. 그러나 그의 태도는 계속해서 감각과 이미지, 특히 고전적 이미지에만 치우쳐 있어 이후 빠른 속도로 중심적 논의에서 이탈하게 된다. 벤츄리는 고전건축을 조사, 연구하면서 라스베거스의 환락가의 거대한 사인sign과 함께 기능적 공간 이면에 삽입되는 것이 결국은 사인이며 상업적 외피라는 의견을 내놓았다.[27)] 오늘날 유동적 경계해체의 디자인을 수행하는 건축가 중 다수가 에릭 오웬 모스Eric Owen Moss의 작품과 같이 외피와 기능이 분리된 듯한 작품경향을 보이는 경우가 많다. 기능자체는 간결하게 풀고 사람들의 시선을 끌며 상업적으로 주목받아야 하는 부분에 있어서 과감하게 유연하고 자유로운 디자인을 하게 된다. 기본적으로 벤츄리의 작품과 간선도로변, 그리고 라스베거스에 있는 왼쪽 사진의 건축물의 경향과 오른쪽 작품사진과 도면에서의 내용이 다르지 않다는 점에 동의할 것이다.

123. 로버트 벤츄리의 작품과 에릭 오웬 모스의 작품
26) 임기택, 현대건축의 경계해체적 경향에 관한 연구, 홍대박론, 2006, p102인용
27) 벤츄리는 라스베거스의 화려한 Sign 이면에 존재하는 엄격한 상업적 질서에 대해 다음과 같이 언급했다. "카지노들은 Sign을 통해 자신의 독특함을 과시하지만, 여전히 그 뒤쪽의 일반화되고 체계화된 모텔공간의 보조를 받는다. 그 억제된 질서는 숨은 설득용 사인과는 대조적으로 엄격하리만큼 체계적이다. 즉 화려함 뒤의 체계이다." 라스베거스의 교훈, 김정신 외 역, 태림문화사, p77

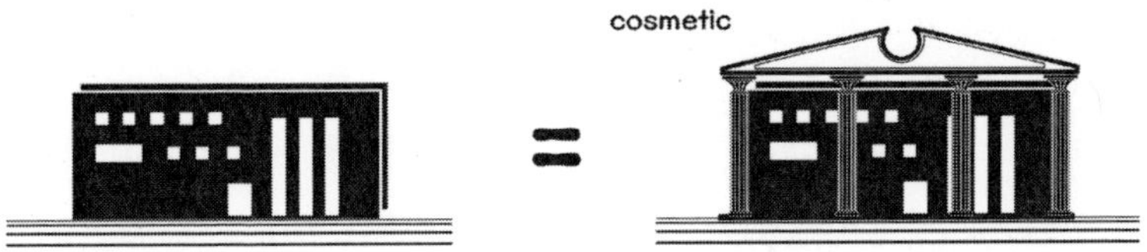

124

–오늘날의 상징적 요소로서의 유동적 자유곡선의 디자인 현상

인구의 유동량이 많고 에너지가 역동하는 곳에는 그만큼 상업적 이익의 가능성이 높아지게 된다. 따라서 상징적으로 형태적인 면이나 기능적인 면에서 시선의 집중과 마케팅적인 요소가 강한 상업건물의 디자인이 필요하게 되며, 구축하는데 많은 시간과 돈이 들더라도 그러한 시선과 상업적 이익이 나올 수 있다는 계산이 성립되면 유동적인 자유로운 형태의 디자인(형태에 있어서)은 실현될 수 있다. 유동적이고 자유로운 형태의 건축물의 근본적인 내용이 반자본적인 감성을 품고 있는 것과는 달리, 정반대의 현상이 건축에서 일어나고 있는 것은 이 같은 현상을 축적체계의 진화양상에 따른 공간구조의 변화로 보아야 하는 당위성을 제공하여 준다.

유동적 자유곡선(패러미터 건축)의 특성이 나타나는 건축물의 경우 이렇게 포스트모던 건축의 장식된 헛간의 외피적 특성으로도 볼 수 있다. 결국 그러한 표현이 특성은 상업적인 니즈를 잘 만족시켜주게 되며 그러한 부분에만 요구되기 때문이다. 결국 이것은 벤츄리가 초기에 연구하면서 깨달은 바와 같이 베니스 및 라스베거스의 건축적 사인체계와 일맥상통하는 것이며 그것의 변형에 불과하다고 볼 수도 있다.

건축의 근본적인 속성이기도 한 언어와 상징적 측면이 포스트모던 시기에 폭발적으로 확산되어 우리 주변에서는 어디서나 언어게임이 난무하는 것을 지켜볼 수 있다. 디자인이라는 이름하에 아무런 이유 없이 꼬고 비틀고 색채

124. 화장술과 같은 외피의 덧붙임

를 마구 사용하여 욕망을 부추기거나 자신을 드러내고자 하는 욕망을 충족시키려고만 한다. 결과적으로 오늘날 우리는 그 지역의 컨텍스트와는 어울리지 않거나 완전히 컨텍스트 자체를 무시하는 괴물이 탄생함을 자주 목격한다. 자본의 유혹과 물신적 측면에 경도되거나 건축주의 요구에 굴복하여 외피에만 집중하여 감각적인 변화를 주려고 하는 것에만 집중하다보면 그만큼 폐해적 특성을 보일 수밖에 없다. 2권 현상학 담론을 다루면서 나왔던 존재자는 될 수 있을지언정 세계-내-존재가 될 수는 없을 것이다.

포스트모더니즘은 모더니즘의 어휘체계만으로는 설명하기 힘든 요소들이 사유되면서 모더니즘을 공격하고 새로운 가능성을 탐구하면서 나온 사고이다. 포스트모더니즘은 기존의 언어시스템으로는 말하기 힘들었던 상징과 개념, 그리고 대중적인 기억(오랜 암묵적 교육에 의해 나타나는)의 요소들이 중요하게 취급된다. 이러한 요소들은 가장 직접적으로 표현하기 쉬운 건축분야에서 실험되었고 외피적 요소의 집중과 대중적 취향의 포스트모던적 건축양상이 나타나게 되었다. 이미지화되고 테마파크화되는 상업화의 논리는 결국 공간에 투사되어 발전하게 되었고 그것이 긍정적이던 부정적이던 포스트모던 시대와 현대건축의 빼놓을 수 없는 중요한 특성이 되었다.

시사점과

PART 3

건축적용 가능성

생각해보아야 할 점

- 포스트모던 건축은 대중과 어떤 방식으로 소통하고 있는가?
- 포스트모더니즘과 비판적 지역주의 및 유형학과의 관계는 어떠한가?
- 기존의 시뮬라크적 특성은 무엇인가?
- 포스트모더니즘과 문화제국주의적 특성은 어떤 상관관계가 있는가?
- 생산과 순환주기에 빠진 포스트모더니즘은 어떤 특성을 보이는가?
- 비판적 지역주의 및 유형학의 관계를 어떻게 바라보아야 하는가?

4017 포스트모더니즘과 대중의 소통방식

포스트모더니즘의 기본적인 입장은 50여년에 걸쳐 발전해왔던 모던 무브먼트의 역사가 진화되면서 사회를 발전시켰지만 엘리트적이고 교리적인 디자인 어휘들로 인해 대중과는 소통적인 면에서 유리되는 역사를 만들어왔고 그것을 극복해야한다는 것이다.

모던 무브먼트는 거의 강박적으로 추상적이고 엘리트적인 미학에만 관심이 있었고 대중에게 다가가기보다는 대중을 선동하여 교육시키려 했다는 점이 문제였다.

포스트모던 건축은 복잡한 조직과 입장의 차이를 부정하고 추함이나 세속적인 것까지도 기꺼이 포함시키는 특성이 있다. 포스트모더니즘이 처음 유행하기 시작했을 때에는 기존의 모더니즘의 국제주의 양식에 저항하는 아방가르드 전선이 형성되었다. 그들은 노골적으로 포스트모더니즘을 안티모더니즘이라고 표방했다. 그러나 포스트모더니즘은 이내 자본의 순환구조에 빠르게 종속되고 스스로가 대중들에게 소비되어가기 시작했다. 어떤 면에서 그들은 새로운 역사주의를 위한 활동무대를 위해 모더니티의 긍정적 전통을 말살시키고자 했다고 비판받기도 한다.

어떻게 보면 세속적이고 통속적인 문화와 장식의 사용은 인간의 본성적인 욕구로 나타나는 자연스러운 현상이다. 포스트모던 건축의 성립조건은 이데올로기적으로 호도할 수 없는 다양 다종한 것들이 공존하는 다중가치에 있다. 포스트모던 건축은 대중 전체 즉 안락하고 전통적인 건물과 삶의 방식에 관련된 주제들에 관심을 두고 있는 대상을 중심으로 관심과 지지를 받게 되었다.

포스트모던 계열의 건축가들은 전통적인 것과 관련된 코드와 우리 주위에 존재하는 유형들을 적절하게 조합하거나 절충하고 재창조한다. 이를 통해 이종적이지만 차이를 가져올 수 있는 표현을 하게 되며 이것이 포스트모더니즘이 유행하던 당시에 빠르게 변화하는 건축적인 유행을 선도했다.

인간은 건축공간을 만들면서도 동시에 무언가를 표현하기 위해 재현(모방, 미메시스)하려는 속성이 있다. 그러나 역설적으로 포스트모던 건축은 단순한 모방적 재현 및 기능의 충족만이 아니라 생산을 할 수 있게 만드는 긍정적 측면도 있다. 물론 세속적 통속적 기호를 통해 대중을 만족시키는 정도의 생산을 말하는 것이다. 또한 초기에 천편일률적인 모던건축에 변화를 일으키며 다른 방식으로 생산을 주도하는 긍정적인 측면도 있었다. 이처럼 건축은 공간을 만들기도 하지만 표현이 함께 이루어지는 분야이므로 과거의 기억, 유형적 모방이 어느 정도 전제된다. 유형으로부터 진정한 발전(차이의 철학)을 만들기 위해서는 기존의 것과 새로운 것 사이의 근본적인 물음과 탐구가 지속되어야 한다. 기존의 것과 생산되는 것 이질적인 것 사이의 혁신적인 부활의 노력이 있어야 한다. 이 과정에서 소통을 위해 다양한 방법론이 사용되는데 경험을 충분히 수용하고 특별한 코드를 억압하거나 교리에 넣지 않음으로써 차이를 드러내게 하는 방법을 사용한다. 이 과정에 집중할 필요가 있다.

앞서 3권에서 유형의 위험성에 대해서 언급한 것과 같이 진보적인 측면에서 새로운 삶을 위한 공간을 제작하면서도 대중과 소통하는 노력이 어우러진 모방의 측면이 가미되어야 한다. 따라서 절충주의와 유형학적인 상상을 혼동되면 곤란하다. 그런 과정은 철저하게 유형적인 것을 습득하고 그것을 자기것화 시켜서 진보적인 공간과 생산양식에 절충시키는 것이 아니라 녹여서 새로운 진보의 추동력에 힘을 보탤 때 의미가 있을 것이다.

4018 포스트모더니즘 건축의 기호적 특성의 논점

국제주의 양식에서는 의도적으로 장식적 요소를 배격하고 건축을 공간과 구조만으로 환원하여 구축하는 경향이 있었다. 국제주의 건축의 오류는 대중건축의 상징적이고 소통적인 측면들에 건축을 공간과 구조만으로 순수하게 환원하여 바라보는, 모던 무브먼트Modern Movement가 간과하고 있는 부분이 있다.

인간사회에는 오래된 형태들이 식상한 것이 되고 출구는 분명치 않을 때 새롭게 원천이 될 수 있는 것을 모색하는 시기가 찾아오게 된다. 19세기 말의 데카당한 현상과 20세기 후반의 해체주의가 모두 그러한 현상이었다. 엘리트적인 시각에서 만들어졌던 국제주의 양식은 벤츄리가 활발히 활동하던 시기에 대중과 소통해야 한다는 시대적 요구에 직면하게 되었다. 벤츄리의 명저 『라스베거스의 교훈』은 간판sign이 공간의 기능적 본질보다 선행하는 소통의 도구로 쓰일 수 있다는 점을 명쾌하게 분석했다. 장식된 헛간의 개념은 이 저서의 중요한 개념이다.

로버트 벤츄리는 공간을 국제주의 양식과 도시계획에서 보여졌던 중성적이고 비어있는 환경으로 보려하지 않고 긴장과 왜곡이 가득 차있는 활기 넘치는 공간으로 보았고 외적 표현 역시 그러한 가치를 추구했다. 자연스럽게 그의 건축적 표현은 많은 표현적 요소들이 수용되면서 소통되는 것을 중요한 가치로 삼았다.

125

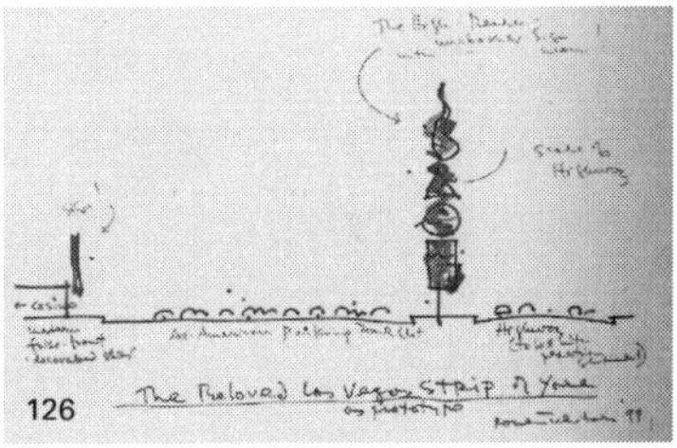
126

도시근교를 자동차로 빠르게 이동하고 있을 때에 사람들에게 인식되는 것은 공간이 아니라 건물의 간판이다. 건축가들 중에는 라스베거스의 사인이 위주가 되는 건축이나 산업문명의 산물인 주유소 건물 등은 포스트모던 사회가 만들어낸 혐오스런 건축으로 생각하는 사람들도 있다. 공간적인 것이 아닌 기호적인 가짜구조물이 난무하여 시각적 공해를 끼친다고 생각하는 것이다.

그러나 대중적 취향에 영합하여 대중과 소통하고 있는 긍정적 요소도 있음을 간과해서는 안 된다. 언제나 사회에는 고급문화와 대중문화가 공존하며 선호여부를 떠나 우리의 문화의 일부로 받아들여야 할 것이다. 필자 역시 클래식부터 재즈, 힙합, 걸그룹 음악 및 트로트에 이르기까지 분위기에 맞추어 음악을 즐기곤 한다. 정도의 차이는 있으나 모든 사람들은 고급문화와 통

125, 126. 라스베거스의 이미지

속문화를 다 같이 즐기고자 하는 어느 정도의 양면적 특성이 있게 마련이다. 어느 날은 고급 레스토랑에서 와인에 스테이크를 먹고 싶을 때도 있지만 어느 날은 포장마차에서 옛 추억을 떠올리며 소주 한잔을 기울이고 싶은 것이 인간이다.
예술에는 통속적으로 고급예술과 저급예술 혹은 대중예술 분야가 있다. 무엇을 기준으로 고급과 저급을 분류할 수 있을까? 여기에는 일정부분 판단을 유보해야 한다. 좋아하는 것과 좋아하지 않는 것은 어떻게 보면 하나이기 때문이다.

건축의 본질적인 요소 중 하나인 표현은 사회적 가치의 소통과 밀접한 관련을 맺고 있다. 외부로 드러나는 장식적 측면은 인간사회의 패션과 같은 역할을 하게 된다. 어떤 경우에는 오히려 그것을 초월하는 경우도 있다. 오히려 기능을 역전하여 기표가 더 큰 힘을 발휘하며 공간속에서 일어나는 사회적 가치의 소통이 건축의 주요한 본질로서 기능 혹은 공간 그 자체를 대신하게 되는 경우도 생긴다는 것이다.

포스트모던 건축과 같이 대중들에게 친숙한 이미지의 건물들은 엘리트적인 모던건축이 보여준 합리적 이성에 입각한 질서보다는 세속적이고 난잡한 것처럼 보이지만 친숙하게 다가갈 수 있는 요소를 형태어휘로 채택했다.

콜린 로우Colin Rowe는 전통적 요소들이 이전시대의 특정 질서 및 구조만을 반영하는 것이 아니라 우리가 과거의 것을 비판하고 현재의 상황을 변화시킬 수 있는 단서를 제공한다는 점에서 이중적 기능을 가지고 있다고 생각했다. 그는 『Collage City』 등의 책을 통해 교리적으로 통일되게 적용하려 했던 국제주의 양식에 대해 비판하고 표현과 내용, 시스템과 개념, 이론과 실제, 건물과 정치 등 다양하게 분절된 모습들이 공존하면서 극복될 수 있다는 생각을 전파했다.

그가 생각하는 치유방법은 로마와 같은 고대 및 전통도시에서의 도시구조 및 교훈을 다시 고찰하고 현재의 도시구조의 역으로 다시 한 번 구성요소를 생각하여 전도시켜보는 방법이다. 그는 이러한 실험을 통해 건물조직 및 경관의 조각들을 필터 및 파사드로 사용하고 다양하게 꼴라쥬화시킴으로써 전통적인 요소들과 현대적인 것을 조합하여 재창조시키고 도시의 정원을 만드는 것을 추구했다. 그는 이러한 방법론이 국제주의 양식의 폐해가 나타났던 계획도시의 폐해를 극복할 수 있는 방법으로 생각했다.

호, 불호를 떠나 대다수를 차지하는 대중적인 요소를 통해 대중에게 다가가고자 하는 노력은 계속되어야 하며 자연스러운 방식으로 수준을 높일 수 있는 진보적 방식이 채택될 때 오히려 점진적인 측면에서 문화가 발전될 수 있을 것이다.

4019 포스트모더니즘의 물신적 기호화

모더니즘의 건축적 어휘가 간결한 외부표현의 미학과 새로운 토착성을 가져올 수 있는 기술적 진보의 시스템적 결합으로 요약할 수 있다고 한다면 포스트모더니즘은 대중적인 지지를 얻을 수 있는 절충적, 통속적 과거 이미지를 지닌 어휘들을 조합하는 것에 더욱 중점을 둔 것이었다. 모더니즘이 르꼬르뷔지에가 새로운 건축에서 예시를 들었던 아크로폴리스와 자동차, 곡식창고 등과 같은 기능위주의 미학을 추구하는 것이었고 엘리트 중심의 사회적 이데올로기를 끌고 나가는 것이었다면 1960, 70년대의 포스트모더니즘의 추구하는 가치는 레비타운과 라스베거스와 같은 중산층 이상의 대중적 소통어휘와 사인이었다. 이것은 중산층의 부가 증대되고 분배되면서 중산층의 폭이 두꺼워졌던 60년대의 문화적 특징이기도 하다.

앞서 료타르와 하버마스의 논쟁을 통해 살펴보았듯이, 포스트모더니즘의 긍정적인 부분과 부정적인 부분으로 나누어 혼란적인 부분을 정의했는데, 부정적으로 바라보면 포스트모더니즘이 사용하는 전통이라는 용어의 정의는 포기, 굴복, 그리고 배반의 의미가 있다. 기본적으로 전통주의자들은 타락하고 순응하기 쉬우며 사상의 논쟁보다는 타협을 선호하고 세속적 쾌락을 추구하는 경향을 보이게 마련이다. 포스트모더니즘에서 자주 사용되는 '브리콜레르bricoler' 라는 뜻은 '퇴행적'이라는 뜻이며 인간의 갖가지 노력들이 남겨 놓은 잡동사니들을 수집하는데 집중하는 것이다. 전통은 또 다른 전통을 재현하고 있는 순간일지라도 결국 현실을 새롭게 판단하고 재창조하는 방식을 통해서만 긍정적일 수 있다. 자본은 아방가르드적, 선구적 실험들을 끊임없이 기존질서에 편입시키면서 타락시키고 만다. 그 과정에서 포스트모더니즘은 세속적인 것들과 쉽게 영합하면서 절충시켜 대중에게 친숙하게 다가가면서 자본적 이득을 챙기고 결국 허구만을 남기는 경향이 있다.

포스트모더니즘은 일체의 확실성을 거부하고 오로지 '거부하는 몸짓'의 행위들을 양산하는 경우가 있으며 일정 시기가 지나고 나면, 자본의 순환구조에 빠져 철저하게 자본의 속성을 위한 도구로 전락하기 쉬웠다는 점이 부정적인 양상일 것이다. 초기의 포스트모던 건축은 모던풍의 기업의 마천루와 정부의 주거 프로젝트에 대해 비판적이었지만 곧 자본의 순환구조에 더 빠르게 종속되어 오히려 세속적 특성이 대중에게 어필하면서 기업의 이미지와 금전적 이익에 앞장서기 시작했다. 기업의 시장성과 아이콘으로서의 금전적 가치를 인식시키고 난 이후 포스트모더니즘은 빠르게 새로운 기업스타일을 창조하는 역할로 몰락하게 되었다.

이미지의 상품화, 물신화에 대한 정신분열적인 찬양, 뉴욕으로 상징되는 현대 자본주의의 소비문화의 생산, 캘리포니아로 대표되는 소비문화 및 미디어 자본주의 논리가 발전된 문화적 생산 자체의 논리를 관통하고 그것을 변형시켜 고급문화와 대중문화 사이의 구분을 만들어 대중들에게 끊임없는 소비를 요구하고 있다. 예전이나 현재나 정치적으로 좌파들은 포스트모더니즘에 있어서 매우 부정적이다. 포스트모더니즘의 일반적 특성이 경제적이고 정치적인 힘에 매우 종속적이고 대리인적인 양상을 띠고 있기 때문이다. 사실, 전통에 대한 재해석 및 전통적인 요소들을 절충적으로 쓰고자 하는 태도는 보수적 측면이 강할 수밖에 없다. 그러나 벤츄리는 과거의 것을 차용했지만 항상 아방가르드적 감성을 잃지 않았다. 그것은 선택의 문제이다.

결국, 포스트모더니즘의 경향은 소통을 하고는 있지만 근본적인 소통에는 관심이 없고 상업적인 이익만을 위한 이미지 생산에 주력하게 된다는 점에 있다. 대중적인 문화와 대중적인 풍경이 정작 도시의 재개발과 빈곤층 주거 문제의 정책 결정권자들에게는 별로 인기를 끌지 못하고 있다는 사실이 이것을 뒷받침해주는 강력한 모순점이 되고 있다.

4020 비판적 지역주의의 건축적 가능성

건축사가인 케네스 프램턴Kenneth Frampton이 지역성을 드러내기 위한 방법으로 이야기하는 촉각적인 것tactility와 축조적인 것Tectonic것 역시 지역 특유의 감각적 흐름에서 출발하는 모든 시대, 모든 지역에서 가능한 보편적 미학적 관점에서 본질을 찾는 행위로 볼 수도 있다. 또는 포스트모던의 비판적 특성을 현대적으로 다시 해석하여 변증법적으로 발전시키기 위한 방식으로 볼 수도 있다.

동일성과 유사성에 따라 재현(그대로 따라해 표현하는)의 의미만을 주는 것(포스트모던적 유형표현)은 열린 것이 아니라 닫힌 체계이다. 그것은 단지 과거의 기억만을 재현하거나 재생할 뿐이기 때문이다. 현상학과 관련된 건축이론을 살펴보면서 인본주의적인 건축적 행위로서 지역주의적인 요소를 적용하는 것은 이성의 진보에 따른 주거환경의 개선과 함께 이성적 도구화가 되는 거주문화를 극복할 수 있는 하나의 대안적 움직임이었음을 확인했다. 비판적 지역주의는 앞서 살펴본 바와 같이 하버마스의 사고에 영향을 받아 국제주의 양식 및 건축기술의 진보적이고 혁신적인 건축적 상황을 인정하고 국제주의 양식이 부족했던 풍토건축의 교훈과 인본주의적 성향을 접목하여 새로운 건축으로 창조해 나가야 한다는 자세를 강조했다.

비판적 지역주의는 포스트모던 건축의 이미지로의 몰락을 보완할 수 있는 자세가 될 수 있을 것이다.

4021 자본적 속성으로의 타락에 대한 타푸리의 비판

만프레도 타푸리는 다음과 같이 말했다.

"현대사회의 물신화 경향은 매우 중요한 사회적 양상이다. 중세의 종교와 같이 사회적인 체계의 재생산에 필수적인 숭배의 대상, 소비에 대한 숭배의 대상을 만들어낸다. 그것은 우리사회의 가치들과 신화들을 구체화시킨다. 아도르노와 호르크하이머가 지적하듯 그것은 이데올로기의 전달자만이 아니라 이데올로기 자체이다."

오늘날 물신物神이라 말할 수 있는 다양한 캐릭터와 애니메이션화된 아이콘, 스타시스템과 상업화된 예술, 공간의 스펙터클화는 사실 소비를 극대화시킬 수 있는 '숭배의 대상物神'을 의도적으로 만들어낸 것과 같다. 이것은 무언가로 몰아가려고 하는 이데올로기 그 자체라고 볼 수 있으며 자본의 속성에 철저하게 부응하여 비판적인 현실적 문제를 회피시키고 무감각하게 만든다. 또한 이것은 안정적인 소비성향의 생활관을 주입시키려는 자본의 암묵적 공감대를 형성하고 있다.

자본주의의 합리성은 건축계획과 건축의 이데올로기로 계속해서 변화시키는 상황이 계속되고 있다. 산업혁명 이후 모더니티라는 거대한 사회의 힘,

역사적 유산, 문화, 기술 등과 관련하여 존재의 자율성과 개별성을 유지하고자 하는 개인들의 요구에서 원인을 이해하고 내화內化함으로써 불안감을 없애는 것이 중요한 사항이 되었다. 이것이 부르주아 예술의 주된 윤리적 책무들 중 하나로 볼 수 있다. 이 내용이 결국은 타푸리의 명저『건축과 유토피아』의 핵심적인 주장이다.

마르크스주의적인 측면으로 생각해본다면 도시는 경제의 하부구조를 타고 올려져있는 상부구조이다. 타푸리적으로 비판한다면 팝아트, 옵아트, 도시의 이미지를 만드는 모든 예술적 움직임들은 현대도시와 상황의 모순을 은폐하고 다중적 가치의 이미지들로 용해된다고 비판할 수 있다. 이렇듯 타푸리는 예술사조 뿐만 아니라 팝아트나 브리콜라쥬 조차도 자본의 생산과 소비의 순환주기로 편입시키는 역할을 수행하고 그러한 순환체계를 정당화하는데 일조하기 때문에 유죄라고 단정한다. 그가 생각하기로는 소비의 프로세스가 무한히 확대될 수 있고 사용가치가 없어져 쓰레기로 전락한 물질자체도 허무주의적인 오브제로 승화될 경우 새로운 사용가치를 갖게 되면서 생산과 소비의 순환구조에 다시 편입될 수 있다고 생각했다.

127

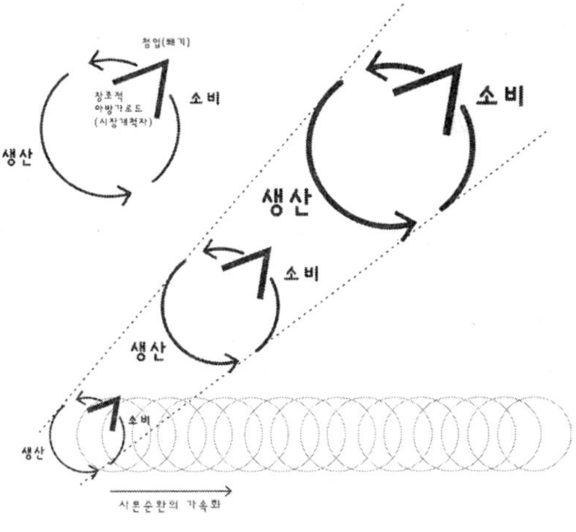

127. 시장의 생산과 소비주기와 시장개척자

전위적 아방가르드는 생산과 소비의 순환주기로부터 벗어나서 새로운 방향성을 제시하게 마련이다. 앞서 이야기 했듯이 전위는 계속해서 새로운 전위를 위해 전진해야한다. 그렇지 않으면 곧바로 생산과 소비의 순환주기를 노리는 자본의 속성이 빠르게 전위를 사로잡아 본질을 타락시킨다. 전위의 자리에서 물러난 예술은 마찬가지로 소비의 순환과정으로 바로 편입되게 되어 있다. 쓰레기 내지는 불합격품마저도 새로운 사용가치를 가지며 자본의 속성을 갖는 순환주기의 가치를 갖는 오브제로 새롭게 탄생하면서 편입되는 현상은 오늘날의 포스트모던적인 기호적, 소비적 특성을 상징적으로 보여주고 있다.

타푸리의 주장은 무척 논리정연하고 동의하게 만드는 강력한 힘이 있다. 그러나 그의 주장에 동의하면서도 '그렇다면 대안은 무엇일까?' 라는 생각에 이르게 되면 결국 벽에 부딪치고 만다. 『건축과 유토피아』에서도 타푸리는 문제점만을 제시하고 있을 뿐 해결책에 대한 암시는 찾아보기 힘들다. 그래서 그의 글을 읽는 독자들은 자본세계를 근본적으로 부정하거나 패배주의로 빠지게 되기 쉽다. 무언가를 만들어내는 생산자가 자본의 순환주기에 조금이라도 몸을 담고 있는 이상은 그가 말하는 '유죄'에서 자유로울 수가 없을 것이다. 그래서 명백히 단순히 비판하거나 패배주의로 빠지기보다는 현대적 상황을 있는 그대로 긍정하고 그것을 극복해나갈 수 있는 대안을 찾는 것이 더욱 지적知的인 도전으로 생각된다.

이런 문제의식으로부터 프레드릭 제임슨Fredric Jameson은 '**타푸리의 변증법적 역사서술은 건축이 역사의 흐름에 흔적을 만들도록 허용하는 것이 아니라 지적이고 문화적이며 경제적인 힘들의 이데올로기라는 베일 속에 건축을 너무나도 단단히 은폐시켜 놓음으로서 도저히 그것을 벗어날 수 없도록 만든다는 점에 있다**'고 비평하고 있다.

타푸리가 주장하는 것은 자본주의가 그 가능성을 소진하고 지구의 모든 노동자들이 단결하여 무산계급화되고 모든 인류가 임금노동자가 되는 과정까지 진행되지 않는다면 불가능한 일이다. 결국, 혁명과 같은 사건으로 인해 자본시스템 자체의 천지개벽과 같은 급격한 변화가 있지 않고서는 건축과 도시에 있어서 근본적인 변화는 일어날 수 없다는 말과 다르지 않다.

건축가는 어떤 길을 선택해야 할 것인가? 아나키스트와 같이 은둔의 생태건축을 지향해야 할까?
결국, 자본사회에서 건축가는 서비스업태의 대리인적 운명이 더 강조되고 있으므로 현재의 시스템하에서 일하게 된다면 타푸리의 유죄선고에서 자유로울 수 있는 건축가는 아마 한 사람도 없을 것이다. 자본주의에 한발을 걸치되 항상 교묘하게 자본에 저항하는 감수성을 가지고 작품에 임하면서 공공성의 건축을 지향하며 현실의 벽에 저항할 수 있는 방법을 선택하는 것이 바람직 할 것이다. 벤츄리의 초기 저항정신과 이후 한가지 주제를 가지고 일관되게 연구와 작품활동을 지속한 정신자세를 본받을 필요가 있다.

4022 테마파크화 스펙터클화되어 가는 포스트모던 공간구조

건축공간과 도시구조가 점점 테마파크화되어 가는 상황은 앞서 살펴본 포스트모던도시의 휴양도시의 현실에서 잘 드러나 있다. 기호화된 세계는 결국 자본적인 의도를 충실히 수행하기 위한 도구로 전락하는 현실을 살펴보았다.

테마파크화된 현대의 포스트모던적 공간과 그 이면에는 신비함 혹은 존재본질에 대한 근본적 탐구는 보이지 않는다. 현대의 상업적 환경에서는 모든 것이 기호체계로 계획되어 있고 상업적 의도를 숨기거나 의도적으로 드러내고 있는데 그것은 결국 자본의 집적을 위한 목적으로 귀결된다. 그것을 더욱 유쾌하고 세련되게 하기 위해서 이러한 흐름은 항상 기만적이고 은폐시키는 전술을 구사한다. 그 장막을 걷고 벤야민의 알레고리적 시각으로 보면 결국, 거기에는 자본의 집적과 순환구조를 공고화하려고 하는 권력이 자리하고 있음을 확인하게 된다. 이것이 바로 르페브르Lefevre가 이야기하는 일상의 통제 및 억압으로 달리 말할 수 있을 것이다.

도구적 이성에 의해 합리화된 계획기법들과 공간구조들은 계속해서 지배욕망이 투사되어 진화하고 있으며 오늘날 신자본주의적 속성의 다국적 자본이 총체적이며 포괄적인 시스템을 창출함으로써 지배구조를 공고화하는 방향으로 진화하고 있다. 오늘날 그러한 시스템은 너무나 공고해서 그 바깥에서 사유하는 것조차 불가능할 정도이다. 타푸리의 사고를 통해 배운 방식으로 우리는 외부에서 사유하여 새로운 대안을 내놓기가 그만큼 어려운 현실이다. 외부에서 사고하기에는 우리를 둘러싼 환경이 이미 너무나 거대하게 우리의 눈을 사로잡고 있다. 오늘날의 도시생활은 우리의 정신을 사로잡는 수많은 스펙터클들과 정신없이 하루를 살아가게 만드는 테마파크적 요소들로 둘러싸여 공고하게 진행되어 있기 때문이다. 활력이 넘치고 유쾌한 듯 보이지만 한편으로는 허망하다. 오늘날의 이러한 자본적 속성을 다른 차원에서 사고해야 할 필요성을 느끼게 된다.

4023 문화제국주의적 속성, 일상생활의 식민화

포스트모더니즘은 차이를 드러내는 철학이라고 볼 수 있다. 포스트모더니즘 시기 이후 차이를 드러내기 위한 주제들이 부각되었다. 중산층 이상의 계층이 주가 되는 소비자 중심의 문화재편과 인종과 성, 민족주의와 종교에서 비주류로 여겨지는 것들에 대한 관심들이 나타나게 되었다. 후기 자본주의 사회에서는 이러한 소수들이 관심을 받고 권리와 그들의 목소리를 경청한다는 민주적 측면도 있지만 한편으로는 그들 자체도 자본의 순환주기에 편입시켜 소비의 당당한 주체로 만들고 차이를 통해 세분화된 소비를 조장한다고 볼 수도 있다. 이것은 후기산업사회의 소비의 다양화와 세분화 현상과 밀접한 관련이 있다.
문화제국주의적 성격에 대해서는 앞서 살펴보았다.
탈냉전화된 현대의 상황에서 대립적인 이데올로기는 존재하지 않는다. 글로벌화가 가속되어 교역은 양적 증가를 추구하고, 분쟁은 가라앉기는커녕 오히려 격화되고 있는 경향이 있다. 다양화의 과정은 지역주의를 표방하지만 한편으로 글로컬화 되면서 통제가 유연하게 강화되고 있기도 하다. 후기자본주의 또는 다국적의 세계화된 시스템이라고 불릴 수 있는 새로운 단계에는 차이를 드러내는 문화자체도 제국주의적 성격을 띠면서 자신의 의도를 삽입하고 자본집적을 위한 수단으로 사용되게 된다.

일상영역에서 하비가 분석하고자 했던 것은 자본주의 논리가 장악한 일상영역에서 나타나는 인간의 소외문제였다. 일상성은 자본주의 체제가 만들어낸 새로운 사회현실이다. 민유기는 일상생활의 식민화 현상에 대해 다음과 같이 언급한다. "제 2차 세계대전 이후 경제성장기의 산업화와 도시화를 통해 자본주의가 그때까지 완전히 장악하지 못했던 일상의 영역을 식민화했다. 다국적기업의 장악과 문화는 하층민은 일상의 소비문화를 선망과 동경의 대상으로 생각하게 만들었다. 일상성은 자본주의적 생산양식의 확장이며 사회통제의 한 형태였다. 거대한 사회변화를 향한 좌파의 희망이 약화되는 것은 지배계급의 일상적 삶에 대한 관리와 조작 때문이다. 일상문화는 욕구와 만족을 제공하지만 동시에 결핍과 박탈감을 발생시킨다. 현대세계의 일상은 자본주의적 생산관계에 장악된 내적 식민지이지만 동시에 이런 상황을 깨뜨릴 사회적 실천의 잠재력을 내포하고 있다."[28)]

결국, 포스트모더니즘은 우선 접두어 '포스트'를 어떻게 보아야하는가에 따

28) 도시이론과 프랑스 도시사연구, 민유기, 심산, 2007, p88 인용

라 의미와 방향성이 달라질 수 있기 때문에 '포스트' 라는 접두어를 둘러싼 논쟁을 살펴보았다. 료타르와 하버마스의 논쟁을 통해 차이의 철학을 강조한 료타르의 입장과 이성의 진보에 대한 신념을 가지고 있었던 하버마스의 입장을 통해 진보세력과 보수세력이 포스트모더니즘에 대해 가지고 있는 입장과 행위로 나타나는 결과와 생성과정에 대해서 알아보았다.
포스트에 대한 논의를 진행시키기 위해 모더니티와 모더니즘의 논의와 관련하여 포스트모더니티와 포스트모더니즘의 관계를 생각해보아야 하며 이것은 다른 말로 하면 생산과 소비의 자본적 속성이 변화함에 따른 공간적 표현적 변화라고 생각해야 한다.

건축분야에 있어서는 초기에 대중과 소통하고자 했던 순수한 의도의 건축적 시도에서 점차 변질되어 점차 자본의 속성을 받아들이면서 스펙터클화, 이미지화, 디즈니랜드적인 테마파크화가 진행되고 있다.
포스트모던의 진정한 의미는 이성의 신념과 함께 지역성과 대중성을 동시에 합리적으로 수용하는 것이지만 진보와 보수의 각 입장에 따라 세속적이고 통속적이고 자본에 결탁한 디자인과 공간속성이 나올 수 있다.
앞서 유형학의 위험성을 이야기한 것과 같이 건축가는 대중과 소통하려고 하되 항상 이미지로의 몰락 내지는 유형으로의 몰락의 길에서 거듭나야 한다. 그런 방식은 손쉬운 방식이며 대중의 취향에 적합한 것 같아 보이지만 결국 진보의 측면은 포기한 것이나 마찬가지이기 때문이다. 과거적 요소를 차용함에 있어서 대중적 감성을 지니되 창조적으로 진보적 정신으로 새롭게 해석하여 현대성을 가미하여 새롭게 재창조하는 노력을 기울일 때 유형으로의 몰락, 보수로의 회귀, 아류가 되는 비참함을 벗어날 수 있다.

우리가 포스트모던에서 배워야 할 궁극적 교훈은 초기의 로버트 벤츄리가 기존사회에 충격을 주었던 저항정신이다. 그는 기득권 세력으로 공고화되고 있었던 모더니즘건축에 적극적으로 이의를 제기했다. 그는 모던건축의 어휘체계에서 더 나아가 더욱 더 풍성한 건축적 실험을 가능하게 했던 '저항정신'을 유감없이 보여주었다. 당시 대중은 그의 그러한 면에 열광적 지지를 보냈던 것이다. 또한 그러한 저항정신은 기술에 대한 낭만주의적 확신과 대중적 취향이 결합되어 새로운 건축적 실험을 계속했던 아키그램의 건축적 자세 혹은 정신에도 존재한다. 이것은 7권에 언급할 들뢰즈의 탈주선을 타는 탈영토화의 첨병과 같은 행위이다.

새로운 정신은 항상 사회의 이데올로기나 상업적 목적에 의해 시간이 흐름에 따라 변질되고 새로운 기득권이 되는 역사를 보이게 마련이다. 그러한 역사를 제대로 인식하고 대중을 위한 새로운 변화와 긍정적인 방향모색은 모든 표현과 재현적 특성을 지닌 작업을 하는 사람들에게 있어서 근본적인 자세이다.

포스트모던 사회를 살고 있는 우리들은 이와 같은 특성들을 인지한 상태에서 바른 판단과 가치에 대해 다시 숙고해 볼 필요가 있을 것이다.

찾아보기

MOMA 45, 46, 73
AT&T 본사 119
BEST 쇼핑센터 96
B급 감성 78
B급 영화 97
SITE 96

ㄱ

거대담론 51, 55, 60
건축의 복합성과 대립성 65, 74, 75, 76
계급관계 19, 60
계몽주의 49, 50, 54, 63, 75
과학 47, 48, 50, 54, 110
구조주의 25-30, 50, 108, 110-112
국제주의 5원칙 62
국제화 47
근본법칙 25
기표 27, 28, 31, 35, 39, 41-43, 48, 77, 80, 82, 86, 90-91, 100-101, 104, 106-108, 110, 132,
기호가치 64
기호과잉 115
기호학 60
기호화된 배경화법 101
길드 하우스 75, 78
꼴라쥬 101, 133
꼴라쥬 시티Collage City 132

ㄴ

내파 40
노마드 97
노마디즘 46
니체 26, 41

ㄷ

대중예술 132
데카당 44, 130
델 몬도 극장 104, 114
동일성 51, 56, 135
디즈니랜드 38, 115, 142

ㄹ

라스베거스 68, 70, 115, 116-117, 124-125, 133,
라스베거스의 교훈 65, 131
랑그와 파롤 107
랜드마크 86
로버트 벤츄리 16, 65, 68-81, 86, 96, 102, 110, 112, 123-125, 130, 135, 139, 142
로이 리히텐슈타인 99
롤랑 바르트 26, 28-30, 62, 108
료타르 8, 17, 21, 27-30, 47-49, 52, 54-60, 133, 142
리트벨트 66

ㅁ

마르크스 32, 40, 137
마이클 그레이브스 92-95, 100, 119, 120
마케팅 67, 86, 115, 125
만프레도 타푸리 112, 136-140
매개작용 81
매끄러운 것 123
모더니티 12-14, 19, 27, 35, 49-55, 58-65, 129, 136, 142
모던 무브먼트 101, 128, 130
무정부주의 97
문화정치학 12, 32
문화제국주의 45, 128, 140, 141
물신화 134, 136
미노루 야마사키 15
미메시스 129

ㅂ

바스코 전시장 86
베니스 68, 72, 104, 108, 110, 125
베니스 비엔날레 104, 109
벤자민 프랭클린 87
보드리야르 10, 14, 26, 35, 38-40, 108
보수주의 53-59
부르주아 모더니티 51, 54, 55
브리콜라쥬 137
브리콜레르 134
블레이드 러너 41, 42
비영토화 47
비판적 지역주의 135-136

ㅅ

사인 68-69, 74, 78, 86, 96, 101, 117, 124-125, 131
사회적 가치 132
상품화 57, 134
생산과 소비의 순환 18, 66, 137, 138
생산수단 12, 18
세트화 111
소비문화 134, 141
소쉬르 27-31, 47, 52, 56, 107
순환체계 137
숭배의 대상 136
슈뢰더 하우스 66
스펙터클 110, 115, 136, 139, 140, 142
시뮬라시옹 10, 38
시뮬라크르 14, 35, 38, 39, 42
식민화 현상 65

ㅇ

아크로폴리스 133
아키그램 65, 97, 143
알렌 기념미술관 81-85
알베르토 자코메티 87
알튀세 31-35
언어게임 21, 27, 31, 35, 38, 41, 47, 51, 56, 60, 62, 75, 107-110, 125
에릭 오웬 모스 124
엘리트 51, 54, 69, 74, 78, 100, 128, 130-133
오리 69-71
외피 16, 22, 104, 122, 124-126
유고슬라비아 107
유니버설리즘 16
유사성 135
유토피아 53, 55
유형학 111, 128, 142
이국정서 53
이데올로기 17, 21, 47, 54, 72, 74, 110, 129, 133, 136, 138, 141, 143
이데올로기 조직 34
이중코딩 65
이즘~ism 102
이탈리아 광장 82, 90-91
인본주의 50, 54, 135, 136
일상생활의 식민화 140-141
일상성 141
일상세계 65
잉여 공간 74

ㅈ

자본축적 체계 54
장식된 헛간 68-71, 74, 77, 96, 101, 125, 131
재현양식 13, 18, 53, 124
중층결정 31
지역성 65, 67, 101, 135, 142
지역주의 75, 101, 128, 135, 141
질문구조 31

ㅊ

찰스 무어 90
찰스 젱크스 15-17, 23, 82

ㅋ

카지노 117, 124
컨텍스트 44, 67, 74, 101, 115, 122, 126
케네스 프램턴 135
코드화 39
콜린 로우 132

ㅌ

탈 49
탈냉전 141
태극 44
테마파크화 126, 139, 142
테일러리즘 20
텍스트 10, 115
토탈 리콜 41-43
통일성 74, 76
통제 38, 40, 50, 54-55, 60, 62, 140-141
퇴행적 134

ㅍ

팝 건축 98
팝아트 57, 65, 78, 82, 98, 102, 137
패러디 16, 56, 65, 118
패러미터 건축 125
패션 66, 100, 132
포디즘 19, 20, 54, 62, 123
포스트모더니즘 12-35, 48-57, 62-63, 69, 72, 78, 82, 100, 107, 111, 112, 123, 126, 128-136, 140-142
포스트모더니티 13, 17, 19-20, 25, 35, 49, 51, 58, 142
포스트모던 건축 12, 21, 63, 72, 82, 91, 92, 100-101, 107, 110, 119, 120, 125, 128, 132, 134, 136
포스트모던의 조건 17, 47
포틀랜드 빌딩 93, 100, 121
프랭클린 정원 87-89
프루트 아이고 주거 단지 15
필립 K 딕 42
필립 존슨 119

ㅎ

하버마스 9, 17, 27, 47-54, 58-60, 133, 136, 142
하부구조 12, 137
현지화 47
혼성 40, 73
혼성모방 21
후기 구조주의 25-27, 49, 53
후기식민지화 20
히피 56, 97, 98

그림출처

ALDO ROSSI drawings. edited by
Germano Celant. p29, 89, 92

Aldo Rossi, Rizzoli, 1994, p94,

Stanislaus von Moos,로버트 벤츄리 작품집
기문당, 1991, p99, 100, 102, 175,176, 177

로버트 벤츄리, 라스베거스의 교훈
태림문화사, 1995, p63

로버트 벤츄리,건축의 복합성과 대립성
동녘, 임창복 역, p248, 254

참고문헌

국내 단행본

1. 건축·도시 부문

공간사, 아키그램과 함께 춤을
공간사, 2005

김원갑, 건축과 시간 속의 운동
시공문화사, 2009

데이비드 하비, 포스트 모더니티의 조건
구영회 역, 한울, 2009

마이클 헤이즈 편, 1968년 이후의 건축이론
봉일범 역, spacetime, 2003

만프레도 타푸리, 건축과 유토피아
김원갑 역, 1992

버난트 클라센, 서양건축사
심우갑 역, 대우출판사, 1997

로버트 벤츄리, 데니스 스콧 브라운,
기호와 시스템으로 읽는 건축-
매너리즘시대를 위하여
유혜경 역, 애플트리태일즈, 2009

로버트 벤츄리, 건축의 복합성과 대립성
임창복 역, 동녘, 2004

로버트 벤츄리, 라스베가스의 교훈
태림문화사, 1986

양동근, 현대건축론
기문당, 1995

이규목, 도시와 상징
일지사, 1988

조명래, 현대사회의 도시론
한울, 2008

조명래, 포스트포디즘과 현대사회 위기
다락방, 1999

조명래, 포스트포디즘과 현대사회 위기
다락방, 1999

존 레니에 쇼트, 문화와 권력으로 본
도시탐구, 이현욱 외 역, 한울아카데미, 2001

최윤경, 사회와 건축공간, Spacetime, 2003

편집부, ANYWAY
서울: CA press, 1997

편집부, ANYWHERE
서울: CA press, 1997

편집부, ANYPLACE
서울: CA press, 1999

케이트 네스빗, 건축이론1·2·3
최학종 역, 시공문화사, 2005

피터 손더스, 도시와 사회이론
한울아카데미, 1997

팀 홀, 현대도시의 변화와 정책
유한종 외 역, 푸른길, 1999

한국공간환경연구회, 공간과 사회1·2
풀빛, 1991

한국공간환경학회, 현대도시이론의 전환
한울아카데미, 2001

大垣保孝, Shopping Mall Development
& Case Study, Diamnond Consulting Co,
2005

Benevolo, L, 근대 도시 계획의
기원과 유토피아, 장성수, 윤혜정 역
태림문화사, 1996

Lefebvre, H, 자본주의 도시화와 도시계획
최병두, 한지연 편역, 한울, 1989

Ton Verstegen, 건축의 향성과 흐름, 은유적
활성화와 건축, 김원갑 역, 시공문화사, 2005

William J. R. Curtis, 1900년 이후의
근대건축, 강병근 역, 화영사, 1993

2. 철학 및 예술 부문

강내희, 공간·육체·권력
문화과학사, 1995,

고영삼, 전자감시사회와 프라이버시
한울아카데미, 1998

고호상, 하버마스의 현대성 주장과
보편적 합리성 문제, 한국학술정보, 2006

기 소르망, Made in USA
민유기 외 역, 문학세계사, 2004

다리안 리더, 라캉
김영사, 1995

데이비드 하비, 포스트모더니티의 조건
구동회, 박영민 역, 한울, 1994

레비 스트로스, 슬픈열대
박옥줄 역, 삼성출판사, 1988

로날드 칠코트, 포스트맑스주의
이경숙, 전효관 역, 민맥, 1992

루이 알튀세르, 재생산에 대하여
김웅권 역, 동문선, 2007

루이 알튀세르, 철학에 대하여
백승욱, 서관모 역, 동문선, 1997

루이 알튀세르, 철학적 맑스주의
백승욱, 서관모 역, 새길, 2012

릭 로데릭, 하버마스의 사회사상
김문조역, 탐구당, 1992

미쉘 푸코, 감시와 처벌
박홍규 역, 강원대 출판부, 1989

미쉘 푸코, 니체·계보학·역사
이광래 역, 민음사, 1990

미쉘 푸코, 지식의 고고학
이정우 역, 민음사, 1992

미쉘 푸코, 광기의 역사
김부용 역, 인간사랑, 1991

미쉘 푸코, 성의 역사1·2·3
이규현 역, 나남, 1990

앙리 르페브르, 공간의 생산
양영란 역, 에코리브르, 2011

앙리 르페브르, 리듬분석-공간, 시간, 그리고
도시의 일상생활, 정기헌 역, 갈무리, 2013

앙리 르페브르, 모더니티 입문
이종민 역, 동문선, 1999

앙리 르페브르, 현대세계의 일상성
박정자 역, 주류 1990

위르겐 하버마스, 공론장의 구조변동-
부르주아 사회의 한 범주에 관한 연구
한승완 역, 나남, 2004

위르겐 하버마스, 의사소통행위이론-
행위합리성과 사회합리화, 나남, 1997

위르겐 하버마스, 현대성의 철학적 담론
문예출판사, 1994

위르겐 하버마스, 현대성의 철학적 담론
이진우 역, 문예출판사, 1994

윤평중, 푸코와 하버마스를 넘어서
교보문고, 1990

이영희, 포드주의와 포스트포드주의
한울, 1994

이정우, 사건의 철학
철학아카데미, 2002

이진경, 근대적 시·공간의 탄생
푸른숲, 1997

이진경, 근대적 시선의 체제와 주체화
(근대성의 경계를 찾아서), 새길, 2002

이진경, 철학과 굴뚝 청소부
새길, 1994

장춘익, 근대성과 계몽에 대한 상이한 해석-
하버마스의 사상, 나남, 1996

장 보드리야르, 건축과 철학
배영달 역, 동문선, 2003

장 보드리야르, 기호의 정치경제학 비판
이규현 역, 문학과지성사, 1998

장 보드리야르, 소비의 사회
이상률 역, 문예출판사, 1992

장 보드리야르, 시뮬라시옹
하태환 역, 민음사, 2001

장 보드리야르, 아메리카-희망도 매력도 클라이맥스도 없는 낙원, 미국 문명 기행
주은우 역, 산책자 2009

장 프랑수아 료타르, 포스트모던적 조건-정보 사회에서의 지식의 위상
이현복 역, 서광사, 1992

장 프랑수아 료타르, 칸트의 숭고미에 대하여
김광명 역, 현대미학사, 2000

장 프랑소와 료타르, 포스트모던의 조건
유정완 외 역, 민음사, 1992

장 프랑소아 료타르, 포스트모던적 조건
이현복 역, 서광사, 1992

프레드릭 제임슨, 포스트모더니즘-후기자본주의 문화논리
정정호 편, 문화과학사, 1989

테렌스 호옥스, 구조주의와 기호학
오원교 역, 신아사, 1982

톰 록크모어 외, 하버마스 다시읽기
임헌규 역, 인간사랑, 1995

할 포스터, 반미학
윤호병 역, 현대미학사, 1993

Calinişcu, M, 모더니티의 다섯 얼굴
이영철 외 역, 시각과 언어, 1994

Debord, G., 스펙타클의 사회
이경숙 역, 현실문화 연구, 1996

Kern, S, 육체의 문화사
이성동 역, 의암출판, 1996

3. 외국단행본

Agger, Ben, Cultural Studies as Critical Theory, London: Falmer Press, 1992

Baudrillard Jean, For a Critique of the Political Economy of the Sign
St. Louis: Telos Press, 1981

Bernstein, Richard, Jurgen Habermas and Modernity, Cambridge: Polity Press, 1985

Best, Steven & Douglas Kellner, Postmodern Theory, London: MacMillan, 1991

Calhoun, Craig, Introduction: Habermas and the Public Sphere, Habermas and the Public Sphere, Cambridge: MIT Press, 1992

Charles Jencks, New Pardigm in Architecture, MIT Press, 2003

Cohen, Jean & Andrew Arato, Civil Society and Political Theory
Boston: MIT Press, 1992

Cohen, L. A consumers' republic: The politics of mass consumption in postwar America. New York: Knopf, 2003

David Grahame Shane, Recombinant Urbanism, Wiley, 2005

Isenstadt, S. Richard Neutra and the psychology of architectural consumption. In Anxious modernisms: Experimentation in postwar architectural culture, , 2000

Leonardo Benevolo, The History of the City MIT, 1975

Manfredo Tafuri, The Sphere and the Labyrinth translated by Pellegrino d' Acierno and Robert Connolly, MIT, 1987

Manfredo Tafuri, Theories and History of Architecture, New York, 1978

Rem Koolhaas, Mutation
Actar, 2002

Rob Shields, Lifestyle Shopping-the Subject of Consumption,
London and New York, 1992

Rob Shields, Places on the Margin
London and New York, 1991

Thomas McCarthy,
The Critical Theory of Jrgen Habermas
Cambridge: MIT Press, 1978

Victor Gruen, 都市 Center 計劃,
中律原 努, 鹿島出版會, 昭和52

4. 국내 학위논문 및 학회 논문

이영수, 건축구성형식의 변화와 특성에 관한 연구, 홍익대 박론, 1992

박항섭, 한국 현대건축의 양태와 표현특성에 관한 연구, 홍익대 박론, 1997

김원갑, 현대건축디자인에 미친 아방가르드 이론과 과학패러다임의 영향에 관한 연구 홍익대, 박논, 1991

박태호, 서구의 근대적 주거공간에 관한 공간 사회학적 연구, 서울대 박론, 1998

박태호, 서구의 근대적 주거공간에 관한 공간 사회학적 연구, 서울대 박론, 1998

강정구, 김은희, 정진원, 엔터테인먼트요소 구분을 통한 도심 엔터테인먼트상업시설의 공간구성에 관한 기초연구
건축학회지 22권 10호(통권216호), 2006

김성홍, 쇼핑몰의 공간조직에 관한 연구
대한건축학회논문집, 12권 11호,
(통권 97호), 1996

김성홍, 소비공간과 도시
대한건축학회논문집, 16권 1호,
(통권 135호), 2000

김성홍, 건축과 관객: 소비문화의 상점건축
대한건축학회논문집, 12권 5호,
(통권 91호), 1996

현대철학과 건축이론 시리즈4
Philosophy and Architecture Series

포스트모더니즘과 건축이론

1판 1쇄 2014년 2월 10일

저자. 임기택(ktarchitect@pknu.ac.kr)

발행인. 김기현
발행처. 시공문화사(Spacetime)
디자인. 이문형(lmh0225@gmail.com)

등록. 1993년 3월 12일
주소. 서울시 서대문구 독립문공원길13 극동프라자 5층(120-796)
전화. 02)3147-1212, 2323
전송. 02)3147-2626

www.spacetime.co.kr, spacetime@korea.com
ISBN 978-89-5592-285-1 93540